"十二五"国家计算机技能型紧缺人才培养培训教材

教育部职业教育与成人教育司
全国职业教育与成人教育教学用书行业规划教材

新编中文版

# EDIUS 6
# 标准教程

编著／赵晓红　田立群

**光盘内容**
6个综合实例的视频教学文件、相关练习素材和范例源文件

海洋出版社

2013年·北京

# 内 容 简 介

　　本书是专为想在较短时间内学习并掌握影视非线性编辑软件 EDIUS 6 的使用方法和技巧而编写的标准教程。本书语言平实，内容丰富、专业，并采用了由浅入深、图文并茂的叙述方式，从最基本的技能和知识点开始，辅以大量的上机实例作为导引，帮助读者轻松掌握中文版 EDIUS 6 的基本知识与操作技能，并做到活学活用。

　　本书内容：全书共分为 7 章，着重介绍了 EDIUS 6 的特点、新增功能和基本操作；视频素材导入、编辑以及时间线的操作；EDIUS 的视频、音频特效处理；高级视频处理技术；第三方插件；字幕的制作方法与技巧；最后通过多个 EDIUS 视频处理应用实例，综合介绍了 EDIUS 在影视非线性编辑方面的应用。

　　本书特点：1. 基础知识讲解与范例操作紧密结合贯穿全书，边讲解边操练，学习轻松，上手容易；2. 重点实例提供完整操作步骤，激发读者动手欲望，注重学生动手能力和实际应用能力的培养；3. 实例典型、任务明确，由浅入深、循序渐进、系统全面，为职业院校和培训班量身打造。4. 每章后都配有练习题和上机实训，利于巩固所学知识和创新。5.书中重点实例收录于光盘中，采用视频讲解的方式，一目了然，学习更轻松！

　　适用范围：适用于职业院校影视后期非线性编辑 EDIUS 专业课教材，社会 EDIUS 培训班教材以及用 EDIUS 进行影片非线性编辑的从业人员实用的自学指导书。

## 图书在版编目(CIP)数据

新编中文版 EDIUS 6 标准教程/ 赵晓红，田立群编著. -- 北京 ：海洋出版社,2013.4
ISBN 978-7-5027-8528 -4

Ⅰ. ①新… Ⅱ. ①赵…②田… Ⅲ. ①图象处理软件—教材 Ⅳ.①TP391.41

中国版本图书馆 CIP 数据核字(2013)第 060332 号

| | |
|---|---|
| **总 策 划:** 刘斌 | **发 行 部:** (010) 62174379（传真）(010) 62132549 |
| **责任编辑:** 刘斌 | (010) 62100075（邮购）(010) 62173651 |
| **责任校对:** 肖新民 | **网 址:** http://www.oceanpress.com.cn/ |
| **责任印制:** 赵麟苏 | **承 印:** 北京画中画印刷有限公司 |
| **排 版:** 海洋计算机图书输出中心 晓阳 | **版 次:** 2013 年 4 月第 1 版 |
| **出版发行:** 海洋出版社 | 2013 年 4 月第 1 次印刷 |
| **地 址:** 北京市海淀区大慧寺路 8 号（707 房间） | **开 本:** 787mm×1092mm 1/16 |
| 100081 | **印 张:** 10 |
| **经 销:** 新华书店 | **字 数:** 240 千字 |
| **技术支持:** 010-62100055 | **印 数:** 1~4000 册 |
| | **定 价:** 28.00 元（1DVD） |

本书如有印、装质量问题可与发行部调换

# "十二五"全国计算机职业资格认证培训教材

# 编 委 会

主　任　杨绥华

编　委　（排名不分先后）

# 前　言

　　EDIUS 是日本 Canopus 公司为了满足广播电视和后期制作的需要而专门设计出品的优秀非线性编辑软件，可以支持当前所有标清和高清格式的视频编辑。EDIUS 易学易用、可靠稳定，并支持大量的第三方插件，为广大专业视频制作者和广播电视人员所广泛使用，是混合格式编辑的绝佳选择。

　　本书系统完整，由浅入深，为了使读者更快地掌握该软件的基本功能，书中结合大量的上机操作实例来对 EDIUS 6 软件中一些抽象的概念、命令和功能进行讲解。

　　在编写方式上，本书紧贴软件的实际操作界面，采用软件中真实的对话框、属性面板和按钮等进行讲解，使初学者能够直观、准确地操作软件进行学习，从而尽快地上手，提高学习效率。

　　全书共分为 7 章，具体内容介绍如下：

　　第 1 章介绍了 EDIUS 6 的特点、新增功能、界面和基本操作方法等。

　　第 2 章介绍了视频素材导入、编辑以及时间线的操作等。

　　第 3 章介绍了 EDIUS 的视频、音频特效处理操作方法等。

　　第 4 章介绍了 EDIUS 高级视频处理技术，包括校色、多机位模式等。

　　第 5 章介绍了多种主流的第三方插件。

　　第 6 章介绍了字幕制作方法与技巧。

　　第 7 章介绍了多个 EDIUS 视频处理应用实例。

　　本书适用于职业院校影视动画非线性编辑专业课教材；社会 EDIUS 培训班教材；用 EDIUS 进行影片非线性编辑等从业人员实用的自学指导书。

　　本书的所有实例及在制作实例时所用到的素材以及源文件等内容都收录在随书光盘中。

　　本书由赵晓红、田立群编著，参与编写的还有王蓓、王墨、包启库、李飞、郝边远、白立明、杨恒东、董敏捷、郭永顺、李彦蓉、唐赛、安培、李传家、王晴、郭飞、徐建利、张余、艾琳、陈腾、左超红、奚金、蒋学军、牛金鑫等。

编　者

# 目 录

# 第 1 章　EDIUS 6 基础知识

 内容提要

　　本章主要介绍 EDIUS 的基础知识，包括 EDIUS 的特点、EDIUS 6 新增功能、EDIUS 6 的界面和 EDIUS 6 的基本操作方法等。

## 1.1　认识 EDIUS 软件

　　EDIUS 是日本 Canopus 公司推出的一款优秀非线性编辑软件，它专为广播和后期制作环境而设计，特别适合新闻采播、无带化视频制作播放和存储。

### 1.1.1　EDIUS 概述

　　从 2003 年 Canopus 公司正式推出纯硬件版本的 EDIUS 1.0 开始，EDIUS 这款非线性编辑工具开始为广大专业制作人员所熟知。2004 年 1 月该公司又推出纯软件的 V2.0，2004 年 12 月升级到支持 HDV 编辑的 EDIUS V3.0 版本，2006 年推出了 EDIUS V4.0 版本，新增了多机位编辑、多时间线嵌套、时间重映射、色彩校正关键帧控制等功能。从 4.5 版本开始，基于市场调查而重新设计的 EDIUS 界面焕然一新，使 EDIUS 完全整合到 Grass Valley 产品线中，统一成与 Grass Valley 相同的外观和操作感。

　　Canopus 一直致力于开发功能与效率兼备的广播级非编软件。EDIUS 非编软件是 Canopus 的主要产品之一，拥有卓越的图像质量，具有出众的实时混编功能，支持各种高标清格式，包括 DV、HDV、HD、MPEG-2 和无压缩的 SD 视频等，可以实时转换和编辑不同长宽比、帧速率和不同分辨率的素材，并具备实时添加、回放和预览各种视音频滤镜、键特效、转场和字幕功能。编辑后的工程可以直接刻录成带菜单的 DVD，或者输出成任何需要的格式和媒介。EDIUS 6 是该软件的最新版本。

### 1.1.2　EDIUS 的应用

　　EDIUS 6 是一款专业、高性能的非线性编辑软件，是广播电视及影视后期制作人员常用的一款软件。该版本软件支持从全帧尺寸的高清工程到低成本的 HDV 1080i、1080P、720P。EDIUS 界面布局合理，操作简单，可无限添加音视频、字幕轨道并可方便地进行高画质、高实时性的混合编辑操作；其丰富的视频效果和数百种转场特技，专业的广播级色彩纠正，多种动画字幕和三维效果字幕以及多轨道、混合格式、混合制式、混合帧尺寸实时编辑、合成、色键、字幕和时间线输出功能，可以满足任何专业编辑人员制作优秀影片的要求，成为制作人员强有力的编辑创作工具，并以高画质、高实时性的特点适用于电视台、影视制作单位、影像出版和教育培训等多种机构。

### 1.1.3　EDIUS 6 的特点

　　EDIUS 6 除了拥有实时色彩、实时视频滤镜/转场、YUV 色彩空间 GPU 特效、全新手绘遮罩、轨道遮罩等功能外，还具有以下特点：

- 实时的 HD、HDV、DV、MPEG-2、无压缩、无损 SD 视频的混合格式编辑。
- 全面支持 Infinity、P2、XDCAM、DVCPRO HD、DVCPRO 50、VariCam 等多种摄像机和录像机的输入和输出。
- 快捷方便的用户界面，可无限添加视频、音频、字幕和图形轨道。
- 实时高/标清的特效、键、转场和字幕。
- 不同高/标清长宽比（如 16:9 和 4:3）、帧速率（如 60i、50i 和 24p）和分辨率（如 1440×1080，1280×720 和 720×480）之间实时编辑和转换。
- 最多达 8 机位的同时多机位编辑。
- 支持嵌套的时间线序列。
- 基于多核心 CPU 技术，高速 HDV 时间线输出。
- 应用 ProCoder Express for EDIUS 输出高质量、多格式的视频。
- 无需渲染，直接从时间线实时 DV 输出。
- 可以直接从时间线输出到 DVD，制作带菜单操作的 DVD。
- 广播级的 HD/SD 字幕制作。
- 批量输出和段落编码。
- 支持 Behringer BCF2000、Jog/Shuttle 等第三方外设。

## 1.1.4  EDIUS 6 的新增功能

EDIUS 6 包含下列新增功能：

- 支持 Sony PMW-500 记录在 SXS 卡上的 MXF 文件。
- 支持通过 FTP/HDD(USB)读取 AJ-HPM200 的 PLAY LIST EXPORT 播放列表。
- 支持从图像时序 SEI 中得到时间码。
- 支持 H.264 硬件编码时使用英特尔高速视频同步技术（Intel Sync Video technology）。
- 更新若干新插件，EDIUS 6.0 支持插件 TM 字幕插件、稳定插件。
- 原码编辑 Sony XDCAM 系列、Panasonic P2 系列、Ikegami GF 系列，以及 Canon XF 和 EOS 视频格式。
- 支持 Windows 7、XP 和 Vista 操作系统。
- 快速、灵活的用户界面，包括无限视频、音频、字幕及图形轨道。
- 同分辨率实时编辑和转换，高达 4K、2K，低至 24x24。
- 不同帧速率实时编辑和转换，例如：60p/50p、60i/50i 和 24p。
- 在代理/高分辨率模式之间切换时间线内容。
- 时间线系列嵌套。
- GPU 加速三维转场。
- 实时滤镜、键控、转场和字幕。
- 最多达 16 机位素材同时编辑。
- 直接从时间线输出至蓝光和 DVD 光盘。
- 将 AVCHD 格式输出至媒介卡上。
- 超值软件包，附赠特效滤镜、画面稳定器和 VST 音频滤镜。

### 1.1.5　EDIUS 的软件版本

目前，EDIUS 有三个面向不同用户的软件版本可供选择，分别是 EDIUS Neo（入门级）、EDIUS Pro（专业级）和 EDIUS Broadcast（广播级）。

无论哪款 EDIUS 非编软件，都提供了其他 HD/SD 编辑方案所无法企及的实时混合编辑视频功能。三款非编软件都具有相同的核心：实时 HD/SD 编辑技术和无与伦比的 Canopus 编解码器，支持各种混合格式的实时编辑。

EDIUS Neo 是实时编辑的入门级非编软件，具有基本的工具和特性，简化了 EDIUS Pro 所具有的多机位编辑、三维画中画、时间重映射等功能，是教师授课和个人发烧友的完美首选。EDIUS Pro 能支持很多的专业格式，提供比 Neo 更高级的特性。EDIUS Broadcast 是为了满足高端的广播电视和后期制作环境的需要而设计的，具有 EDIUS Pro 所有的特性，加上对具有行业标准的设备和格式的支持，包括最新的无带化记录存储格式，如 Infinity、DVCPRO P2、XDCAM 等。

用户要根据采集、编辑和输出过程中所用到的视频设备和格式选择一种适合自己的 EDIUS 非编软件版本。

## 1.2　常用名词解释

### 1.2.1　线性编辑与非线性编辑

#### 1. 线性编辑

传统的线性编辑是录像机通过机械运动，使用磁头将 25 帧/秒（PAL）的视频信号按顺序记录在磁带上，在编辑时也必须顺序寻找所需要的视频画面。用传统的线性编辑方法在插入与原画面时间不等的画面或删除节目中某些片段时都要重新编辑，而且每编一次视频质量都要有所下降。

#### 2. 非线性编辑

非线性编辑系统是把输入的各种视音频信号进行 A/D(模/数)转换，采用数字压缩技术存入计算机硬盘中。非线性编辑没有采用磁带，而是使用硬盘作为存储介质，记录数字化的视音频信号，由于硬盘可以满足在 1/25（PAL）秒内任意一帧画面的随机读取和存储，从而实现视音频编辑的非线性。

非线性编辑系统将传统的电视节目后期制作系统中的切换机、数字特技、录像机、录音机、编辑机、调音台、字幕机、图形创作系统等设备集成于一台计算机内，用计算机来处理、编辑图像和声音，再将编辑好的视音频信号输出，通过录像机录制在磁带上。对于能够编辑数字视频数据的软件也称为非线性编辑软件。

非线性编辑的特点：

非线性视频编辑是对数字视频文件的编辑和处理，它与计算机处理其他数据文件一样，在微机的软件编辑环境中可以随时、随地、多次反复地编辑和处理。但非线性编辑系统在实际编辑过程中只是编辑点和特技效果的记录，因此任意的剪辑、修改、复制、调动画面前后顺序，都不会引起画面质量的下降，克服了传统设备的致命弱点。非线性编辑系统设备小型化，功能集成度高，并与其他非线性编辑系统或普通个人计算机易于联网形成网络资源的共享。

### 1.2.2 高清和标清

对于"高清"和"标清"的划分首先来自于所能看到的视频效果。由于图像质量和信道传输所占的带宽不同，使得数字电视信号分为 HDTV(高清晰度电视)、SDTV（标准清晰度电视）和 LDTV（普通清晰度电视）。从视觉效果来看 HDTV 的规格最高，其图像质量可达到或接近 35mm 宽银幕电影的水平，它要求视频内容和显示设备水平分辨率达到 1000 线以上，分辨率最高可达 1920×1080。从画质来看，由于高清的分辨率基本上相当于传统模拟电视的 4 倍，画面清晰度、色彩还原度都要远胜过传统电视。同时 16：9 的宽屏更符合人们的视觉习惯，而且由于画幅正好可以适应人眼的视角范围，不会浪费，也不会溢出，因此，"16:9"又被誉为视觉的黄金比例。从音频效果看，高清电视节目支持杜比 5.1 声道环绕声，而高清影片节目支持杜比 5.1 True HD 规格，会给人们带来超震撼的听觉享受。

从拍摄上来看，由于需要被摄主体的最清晰影像，就必须在所用焦距状态下直接精确调焦，否则即使是微量的焦点漂移，也将被高清电视清楚地放大在观众面前。因此，应该尽量多用定焦和广角，对运动物体尽量少用推拉摇的手法。现场最好能在高清监视器中监看。由于其高清画面本身的特点，许多传统上可以忽略的非主体画面的细节，如某些灯光、道具等，也会清晰地表现在屏幕上，这就需要制作人员应以新的标准来处理从前期至后期的各个环节，来符合高清影视的要求。

总体来说，高清时代的来临对广大专业影视人来说，就意味着意识、技术、软件和硬件方面的巨大革新。

## 1.3 EDIUS 6 界面组成

和所有的 Windows 标准程序一样，EDIUS 由菜单栏和程序主界面组成，如图 1-1 所示。

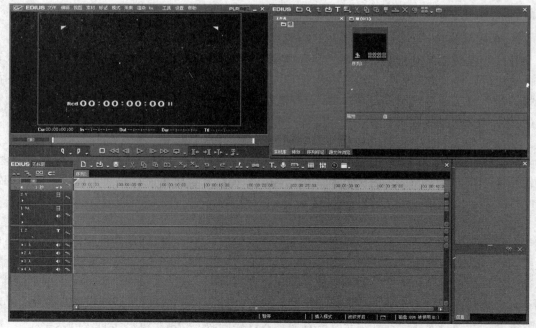

图 1-1　EDIUS 界面

1. 播放窗口/录制窗口

在界面上半部的左方有一个窗口，可以通过鼠标单击窗口中的 **PLR REC** 两个按钮来相互切换播放和录制窗口。其中，播放窗口（PLR）主要用于采集素材和单独显示选定素材，对素材进行预览。录制窗口（REC）主要是观看同步时间线上编辑的内容，如图 1-2 所示。

图 1-2　录制窗口

单击"视图"/"双窗口模式"命令，切换为双窗口模式，如图 1-3 所示。双窗口模式一般是左面窗口预览素材，右面窗口监视编辑视频，但是这样的布局太占用屏幕，因此，可以设置成单窗口模式。

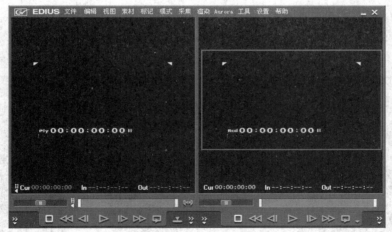

图 1-3　双窗口模式

2. 时间线窗口

时间线窗口是后期工作的核心部分，主要用于选择素材进行编辑，设置动画关键帧等，如图 1-4 所示。所有的编辑工作都是在时间线上进行的，而时间线上的内容正是最终视频输出的内容。

时间线窗口中的每一行称作一个轨道，轨道是用来放置素材的。时间线上方的工具栏显示了当前工程的名称，并提供了各式各样的常用工具快捷图标。轨道的左侧区域称作轨道面板，提供一系列对轨道的操作。

图 1-4　时间线窗口

在时间线工具栏有个面板工具图标，单击图标旁的小三角可以打开下拉菜单列表，如图 1-5 所示。

在 EDIUS 中有 3 种不同的面板：特效面板、信息面板和标记面板。用鼠标单击所需的面板即可打开该面板，或者使用快捷键"H"统一打开和关闭面板。

图 1-5　面板工具下拉菜单

### 3．素材库窗口

素材库窗口主要是导入和管理素材，可以通过单击时间线工具栏的素材库工具快捷图标打开或关闭，如图 1-6 所示。素材库是管理素材的面板，可以在这里载入视频、音频、字幕、序列等等所有编辑需要的素材，并创建不同的文件夹对其分别管理。

### 4．信息面板

信息面板显示当前选定素材的信息，如文件名、入出点时间码等，还可以显示应用到素材上的滤镜和转场。用户能通过双击滤镜的名称，打开滤镜的参数设置面板，如图 1-7 所示。

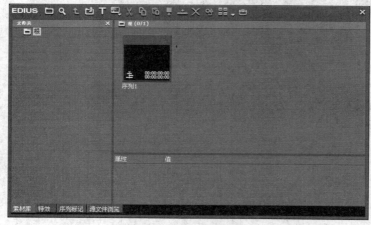

图 1-6　素材库窗口

图 1-7　信息面板

### 5．特效面板

EDIUS 的特效库默认出现在界面上半部分的右侧，包含了所有的视音频滤镜和转场。有文件夹视图和树型结构视图两种表示方式，如图 1-8 所示。

图 1-8　特效面板

## 1.4　EDIUS 应用

熟悉了 EDIUS 基本的用户界面后，现在可以开始动手编辑视频影片了。

### 1.4.1　新建工程

**上机实战　新建工程**

*1*　启动 EDIUS 程序，出现"初始化工程"对话框，如图 1-9 所示。

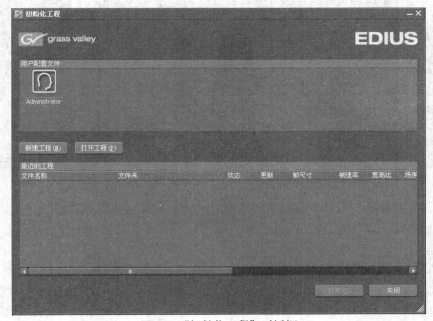

图 1-9　"初始化工程"对话框

**2** 单击"新建工程"按钮，弹出"工程设置"对话框，如图 1-10 所示。

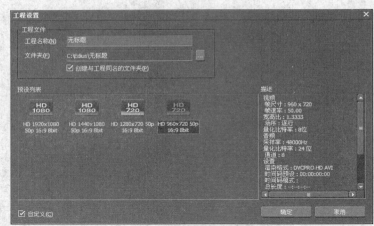

图 1-10 "工程设置"对话框

**3** 在预设列表中，EDIUS 提供了 4 种预设。用户可以直接使用这 4 种预设，也可以选中"自定义"复选框，然后单击"确定"按钮，在弹出的对话框中进一步设置，如图 1-11 所示。

**4** 在"视频预设"下拉列表框中，EDIUS 提供了多达 48 种预设工程，如图 1-12 所示。

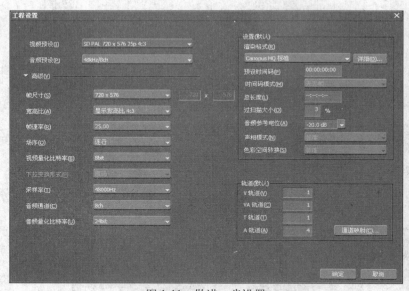

图 1-11 做进一步设置

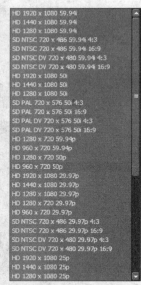

图 1-12 预设工程

**5** 在该对话框中可以根据需要设置音频格式、帧速率、渲染格式等。这里选择了 HD 960×720 50p 48kH ch2（画面大小 960×720，帧速率 50，音频采样 48kHz，双声道）。

## 1.4.2 获取素材

如果需要编辑的视频还在摄像机里，或者我们需要编辑自己刚拍摄完的素材，那么首先就要将摄像机里的内容输入到电脑硬盘上。EDIUS 不仅支持 AVI 文件，还支持数码摄像机。利用数据线，将数码摄像机连接到计算机，EDIUS 可直接读取数码摄像机的视频文件。

### 1.4.3 导入素材库

视频采集完之后，采集的素材将出现在 EDIUS 的素材库中。还可以把硬盘中的视频文件直接导入到 EDIUS 的素材库中，其方法是在素材库的空白处单击鼠标右键，在弹出的快捷菜单中选择"添加文件"选项，弹出"打开"对话框，如图 1-13 所示。

 在素材库空白处双击，即可出现打开素材的对话框。

EDIUS 支持导入几乎所有的主流文件格式和编码方式，包括图片和 SWF 文件。选择需要导入的文件，单击"打开"即可将其添加到素材库中，如图 1-14 所示。

图 1-13 "打开"对话框

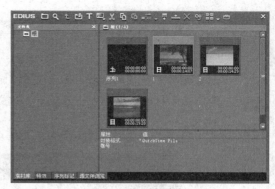

图 1-14 添加素材

 可以在素材库中建立文件夹，将素材分门别类管理。另外，可以使用素材库工具栏上的视图工具 ，选择一种合适的视频显示方式，如图 1-15 所示。

图 1-15 选择显示方式

### 1.4.4 视频编辑

 **上机实战 视频编辑**

*1* 双击素材库中的 1.mov 文件。此时 EDIUS 会自动将其载入播放窗口，如图 1-16 所示。

 播放窗口可以单独显示选定的素材，因此可以先来做一些素材的截取工作。窗口下的工具栏提供了一些常用的控制工具，包括可以通过滑动播放指针、单击播放、步进、快进等按钮来浏览整个视频。

*2* 选择视频上的某一个时间点，单击"设置入点"按键 ，创建一个"入点"。选择视频的结束时间点，单击"设置出点"按键 ，创建一个"出点"。

*3* 时间条上将出现亮灰色和深灰色两种区域，亮灰色表示素材被选中的部分，深灰色则是未选中的部分。若将鼠标靠近两种区域交界处的话，鼠标光标旁边会出现入点（IN）或

出点（OUT）标记，拖动交界处的竖线也可以调节入点和出点，如图 1-17 所示。

图 1-16　播放窗口

图 1-17　调节入点和出点

无需担心不精确的选择和取舍是否影响后面的编辑工作，因为在任何时候都可以继续修正素材的长度和入出点位置，这就是数字化非线性编辑的优势。

**4** 选择一条轨道。这里选择 1VA 轨，当前选中轨道的轨道面板呈现淡灰色，如图 1-18 所示。

图 1-18　选择轨道

**5** 使用播放窗口下方的覆盖按钮 将素材加入到时间线上，如图 1-19 所示。

图 1-19　添加素材到时间线上

更简单的方法是将素材直接由播放窗口拖拽至时间线上。

*6*　添加到时间线上的素材将最终出现在视频短片中。使用 Space（空格）键或 Enter（回车）键播放时间线，可以在录制窗口观看。

*7*　在时间线上完全可以重新调整素材的长度。将鼠标靠近素材的边缘单击，激活素材剪辑点（黄绿长方形）。按住剪辑点左右拖动鼠标，即可重新调节素材的入点和出点，如图 1-20 所示。

图 1-20　重新调节素材的入点和出点

*8*　除了前面介绍的方法之外，还可以直接将素材从素材库放置到时间线上，如图 1-21 所示。

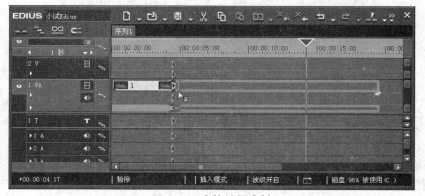

图 1-21　直接放置素材

在时间线上添加素材时，需要注意是处于覆盖模式还是插入模式。在时间线工具栏上可以找到覆盖/插入模式的按钮，单击即可切换它们的状态。蓝色箭头 ￼ 是插入模式，红色箭头 ￼ 是覆盖模式。插入模式下，如果需要文件插入的位置原先已有素材，则在插入位置将原素材"切断"，并将余下部分向后"挪"。而在覆盖模式下，如果需要文件插入的位置原先已有素材，同样在插入位置将原素材"切断"，不过新增素材内容将覆盖掉原素材内容。

*9*　继续添加素材，并调整素材的长度，如图 1-22 所示。

图 1-22    继续添加素材

### 1.4.5    音频编辑

添加音频素材和视频素材的方法是一样的。

**上机实战    音频编辑**

　*1*    双击素材库的空白处，在弹出的打开文件对话框中选择需要导入的音频文件，如图
1-23 所示。

图 1-23    选择音频文件

　*2*    单击时间线窗口中的"设置波纹模式"按钮，关闭波纹模式，然后用鼠标将音频
拖拽至时间线的 1A 轨道上，如图 1-24 所示。

图 1-24    放置音频文件到时间线

3　单击 1A 左侧的小三角图标▶，展开轨道，可以看到音频的波形，如图 1-25 所示。

图 1-25　查看音频波形

4　在 EDIUS 中，音频的剪切操作与视频素材是一致的，将时间线指针移动到短片的结尾处，选中音频文件，使用快捷键 M 可以去除时间线指针以后的部分，如图 1-26 所示。

图 1-26　剪切音频

5　单击 1A 轨道中的"音量/声相切换"按钮▉，切换为音量状态，将鼠标移至需要创建音频调节点的位置，注意光标旁出现一个加号标志，单击鼠标即可添加一个音频调节点，如图 1-27 所示。

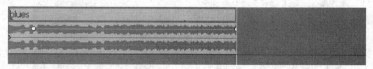

图 1-27　添加音频调节点

6　将第一个音频调节点移动到最下方，即完全静音，这样就能得到一个音量渐起的效果，如图 1-28 所示。

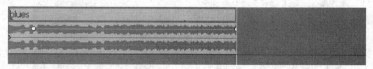

图 1-28　调节音量

7　使用同样方法在短片的结尾处创建一个音量渐弱的效果。至此，实现了音频的淡入淡出处理，如图 1-29 所示。

图 1-29 音频的淡入淡出处理

## 1.4.6 添加滤镜和转场

在 EDIUS 中，除了基本的剪辑功能之外，还能为视频添加丰富的滤镜和转场。

**上机实战 添加滤镜和转场**

*1* 在时间线工具栏单击"切换面板显示"按钮，在弹出的列表中选择"特效" 面板选项，打开"特效"面板，如图 1-30 所示。

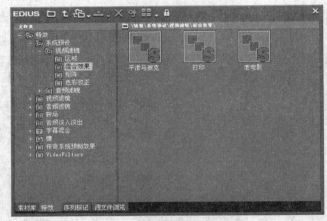

图 1-30 特效面板

特效面板中包括色彩校正、音频特效、转场、字幕特效、键特效等数百种滤镜和转场特效，特效是后期编辑工作中相当重要的部分。

*2* 在"特效"面板中，单击"特效"/"视频滤镜"目录，从中选择"老电影"滤镜，如图 1-31 所示。

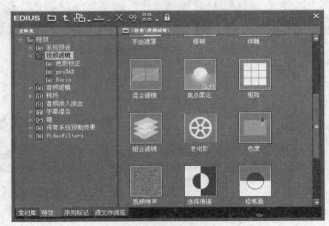

图 1-31 选择滤镜

**3** 用鼠标直接将"老电影"滤镜拖拽到素材上，如图 1-32 所示。

图 1-32　使用滤镜

**4** 在"信息"面板中可以查看到素材相关的信息，包括老电影滤镜，如图 1-33 所示。

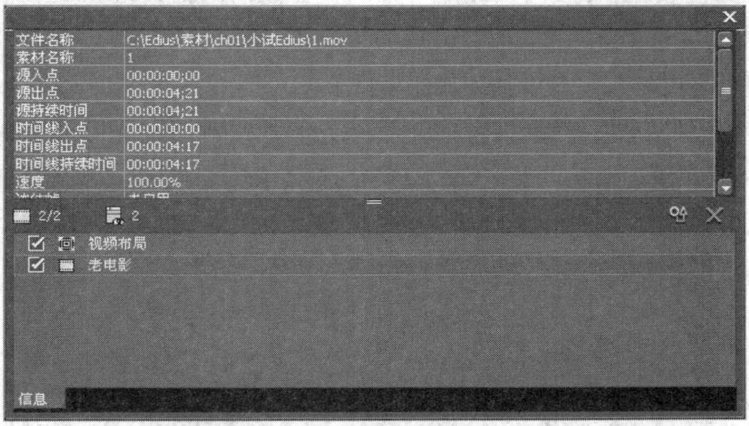

图 1-33　查看相关信息

**5** 双击面板中的"老电影"选项，打开"老电影"对话框，设置相关参数，如图 1-34 所示。

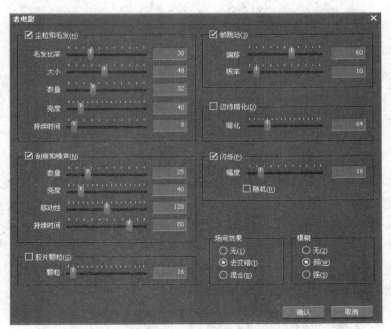

图 1-34　"老电影"对话框

**6** 每个滤镜都有自己独特的设置参数。可以一边播放一边调整数值，选择一个合适的参数大小，如图 1-35 所示为添加滤镜前的画面，如图 1-36 所示为添加滤镜后的画面。

图 1-35　添加滤镜前

图 1-36　添加滤镜后

**7** 继续将"老电影"特效添加到其他素材上。

**8** 在"特效"面板的"转场"目录下罗列了各种转场特效，如图 1-37 所示。

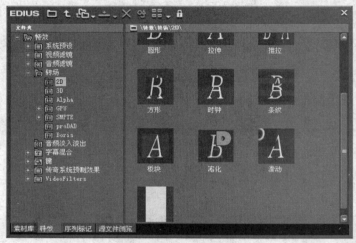

图 1-37　各种转场特效

**9** 选择列表中的转场，比如溶化，直接拖拽到需要的位置上即可，如图 1-38 所示。

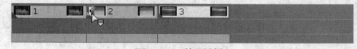

图 1-38　使用转场

也可以使用快速添加默认转场功能，方法为：选择需要添加转场的素材，并将时间线指针移动到需要加转场的位置，单击时间线工具栏的添加转场按钮 ▇▇▇。默认添加的转场是常用的转场效果，也就是转场列表中图表上标注"D"字样的转场。如果需要修改的话，可以用鼠标右键单击某个转场，选择菜单中的"设置为默认特效"如果将其更改为默认的转场。

**10** 继续添加转场效果，如图 1-39 所示。

图 1-39　继续添加转场

**11** 添加转场的位置出现了两个灰色的矩形，表示此处的视频部分都添加了转场效果。

使用鼠标拖拽矩形的边界可以调整转场的时间，如图 1-40 所示。

图 1-40　调整转场时间

### 1.4.7　添加字幕

EDIUS 提供了多种字幕工具可供使用。

**上机实战　添加字幕**

*1*　选中时间线中的 T 轨道，单击时间线工具栏中的"创建字幕"按钮 **T.**，在弹出的下拉列表中，选择"在 T1 轨道上创建字幕"，弹出 QuickTitler 窗口，如图 1-41 所示。

图 1-41　QuickTitler 窗口

*2*　在 QuickTitler 窗口中输入需要的文字，比如 Beach Landscape，用鼠标拖拽文字调整位置，并选择一个合适的样式预设，双击应用到字幕上。

*3*　单击 QuickTitler 窗口的工具栏中的保存按钮，退出 QuickTitler 窗口，返回 EDIUS。拖拽字幕文件的两端可以调整其长度，如图 1-42 所示。

图 1-42　调整字幕

**4** 打开"特效"面板，在"特效"的"字幕混合"列表中选择合适的字幕特效，如图 1-43 所示。

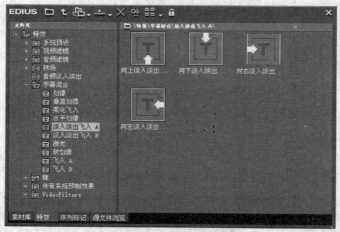

图 1-43 选择字幕特效

**5** 将字幕特效拖拽到字幕文件的混合区域 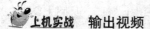，实现字幕的入屏出屏方式，如图 1-44 所示。

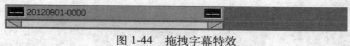

图 1-44 拖拽字幕特效

 字幕混合是一种只能运用在 T 轨上的特效。

### 1.4.8 输出视频

EDIUS 可以支持导入多种文件格式来编辑，同样也拥有丰富的输出格式供用户选择，包括 avi、mov、mpeg、VCD、DVD 等各种常见的视频文件。

**上机实战 输出视频**

**1** 将时间线指针移动到短片的最开始处，单击录制窗口下的设置入点 按钮，设置一个入点。

**2** 将时间线指针移动到短片的结尾处，单击录制窗口下的设置出点按钮 ，设置一个出点。时间线上亮灰色区域表示出入点间包含的内容，深灰色表示没有选择的内容，如图 1-45 所示。

**3** 单击录制窗口右下角的输出按钮 ，在其弹出的菜单中选择"输出到文件"，如图 1-46 所示，打开 EDIUS 的输出对话框。

**4** 确认对话框底部的"在入点和出点之间输出"复选框处于选中状态，并在格式列表中选择 WindowsMediaVideo，单击"输出"按钮，如图 1-47 所示。

**5** 在弹出的 WindowsMediaVideo 对话框中，可以对输出的视频和音频参数进行调节，包括：固定比特率（CBR）、可变比特率（VBR）、画面大小、画面质量等，如图 1-48 所示。

图 1-45　设置出入点

图 1-46　选择"输出到文件"

图 1-47　设置输出文件

**6**　设置文件名和保存路径，单击保存按钮。EDIUS 开始渲染输出工作，如图 1-49 所示，渲染的时间取决于工程长度、特效复杂程度及计算机的硬件配置情况。

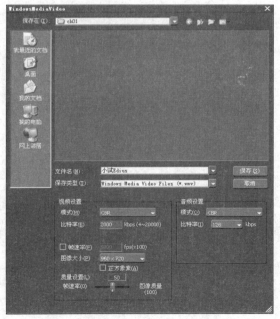

图 1-48　WindowsMediaVideo 对话框

图 1-49　开始渲染输出工作

## 1.5 本章小结

本章主要介绍了 EDIUS 6 的特点、应用、新增功能、常用名词以及 EDIUS 界面组成，并帮助读者对 EDIUS 软件有一个全面的认识与了解，为后面的学习打下基础。

## 1.6 本章习题

一、填空题

1. EDIUS 是日本 canopus 公司出品的优秀_____ 软件。

2. EDIUS 播放窗口，主要用于_____ 和_____ 选定素材，对素材进行预览。录制窗口（REC），主要是观看_____ 上编辑的内容。

3. 时间线窗口是_____ 的核心部分，主要_____ 进行编辑，设置_____ 等。

二、简答题

1. EDIUS 有哪些特点？

2. EDIUS 的应用有哪些？

3. 简述 EDIUS 常用名词解释。

# 第 2 章　素材编辑与时间线操作

　**内容提要**

在 EDIUS 中，时间线提供了各种剪辑工具，用于对素材进行编辑处理。素材编辑分为两种，即粗剪、精剪。粗剪是指挑选各种素材，包括视频素材、音频素材等。精剪是指对素材画面进行调度。

## 2.1　创建 EDIUS 工程

工程文件是用来保存 EDIUS 项目的重要手段。下面介绍 EDIUS 工程文件的创建方法。

**上机实战　创建 EDIUS 工程**

*1*　首次启动 EDIUS 软件时，会出现一个设置工程默认保存路径的对话框。建议用户指定在未安装操作系统的硬盘分区中，如图 2-1 所示。

*2*　单击"浏览"按钮。在弹出的对话框中选择合适的文件夹，单击"确定"按钮返回"文件夹设置"对话框。

*3*　单击"确定"按钮关闭"文件夹设置"对话框。

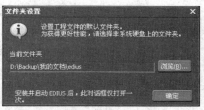

图 2-1　设置工程默认保存路径

　默认情况下，以后创建的新工程都将被保存到该指定的文件夹中。

*4*　此时，弹出"初始化工程"对话框，如图 2-2 所示。

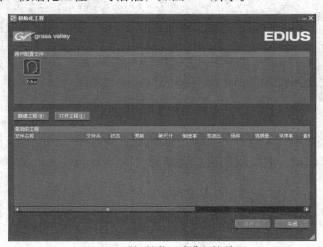

图 2-2　"初始化工程"对话框

5 在"初始化工程"对话框中有一个默认的用户配置文件。单击"新建工程",将弹出"创建工程预设"对话框,如图 2-3 所示。

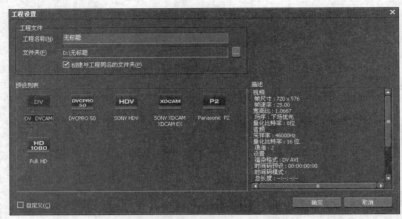

图 2-3 "创建工程预设"对话框

6 在"工程名称"文本框中输入所需的工程名称,选择某一个工程预设,涉及相应的帧尺寸、帧速率和色彩深度(比特),单击"确定"按钮创建工程文件。

7 若需要进一步修改工程设置参数,选择"自定义"复选框,单击"确定"按钮,如图 2-4 所示。

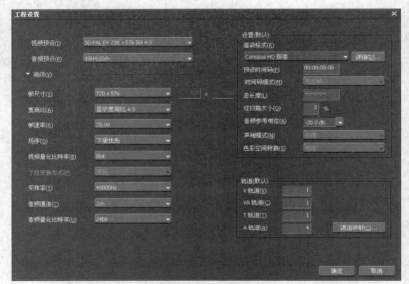

图 2-4 自定义工程设置参数

8 在该对话框中罗列了所有可自定义参数。通常情况下,不需要 8 个声道,因此将音频预设设置为 48kHz/2ch,并将渲染格式选择为"Canopus HQ 标准"。单击"确定"按钮。

## 2.2 EDIUS 环境设置

进入 EDIUS 编辑之前,应该对工程设置和程序设置作一个简单的、必要的了解。

1. 用户配置文件

用户配置文件可以管理 EDIUS 窗口布局、应用设置及自定义配置文件的设置。

**上机实战 设置用户配置文件**

*1* 单击"设置"/"系统设置"命令，弹出"系统设置"对话框，如图 2-5 所示。

*2* 在"系统设置"对话框中选择"用户配置文件"选项，单击"新建配置文件"按钮，弹出"新建预设"对话框，如图 2-6 所示。

图 2-5 "系统设置"对话框

图 2-6 "新建预设"对话框

*3* 在"名称"文本框中输入配置文件名，单击"更改图标"按钮，弹出"图标选择"对话框，如图 2-7 所示。

*4* 在"图标选择"对话框中选择一个图标，单击"确定"按钮，返回"新建预设"对话框，单击"确定"按钮，完成用户配置文件的创建工作，如图 2-8 所示。

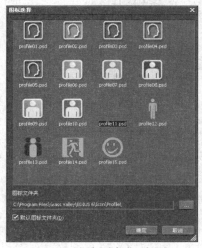

图 2-7 "图标选择"对话框

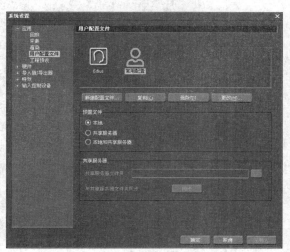

图 2-8 完成用户配置文件的创建

*5* 单击"确定"按钮，关闭"系统设置"对话框。

*6* 单击"设置"/"更改配置文件"命令，弹出"更改配置文件"对话框，如图 2-9 所示。

**7** 选择所需要的用户配置文件,单击"确定"按钮,完成用户配置文件的更改操作。

**2.工程预设**

工程预设规定了工程视频的帧尺寸、帧速率和色彩深度(比特)等参数,可以随时修改当前的工程预设参数。

**上机实战　设置工程预设**

**1** 单击"设置"/"系统设置"命令,弹出"系统设置"对话框,如图 2-10 所示。

图 2-9　"更改配置文件"对话框　　　　图 2-10　"系统设置"对话框

**2** 在"系统设置"对话框中选择"工程预设"选项,单击"新建预设"按钮,弹出"工程设置"对话框,如图 2-11 所示。

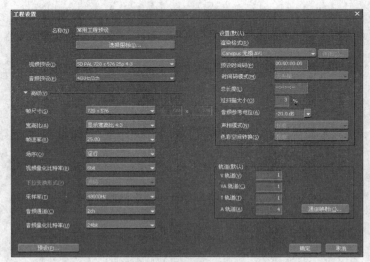

图 2-11　"工程设置"对话框

**3** 在"名称"文本框中输入工程预设的名称,在"高级"选项区自定义帧的大小尺寸,并选择渲染格式为"Canopus 无损 AVI",单击"确定"按钮,完成工程预设的创建工作。

在工程预设中包括高清、标清，以及 PAL、NTSC 等视频参数，字母 i 代表隔行扫描，字母 p 代表逐行扫描。

3. 用户个人设置

用户个人设置是指根据用户个人的软件操作习惯，对 EDIUS 环境进行相应的设置，包括快捷键、界面风格布局、程序设置甚至自添加的按键和插件设置等。

**上机实战  个人用户设置**

*1* 单击"设置"/"用户设置"命令，弹出"用户设置"对话框，如图 2-12 所示。

图 2-12  "用户设置"对话框

*2* 在"用户设置"对话框中，选择"其他"选项，从中可对 EDIUS 的操作环境进行设置。单击"用户界面"选项，如图 2-13 所示，从中可继续对 EDIUS 的操作环境进行设置。

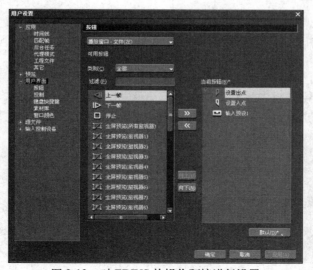

图 2-13  对 EDIUS 的操作环境进行设置

4. 回放设置

在 EDIUS 中，为了保证回放的流畅性，可对软件的"回放"进行设置。

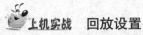 上机实战 回放设置

*1* 用鼠标单击"设置"/"系统设置"命令，打开"系统设置"对话框，如图 2-14 所示。

*2* 选择"回放"选项，将"回放缓冲大小"设为 512MB，将"在回放前缓冲"设为 15 帧。两者的值设置得越大，EDIUS 操作起来就越流畅。

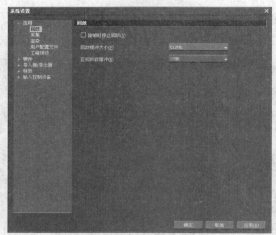

图 2-14 "系统设置"对话框

## 2.3 素材的采集

如果使用的是磁带摄像机，那么必须先把磁带摄像机里拍摄下的影像采集为系统可识别的文件。EDIUS 的采集模块可分为一般采集和批采集。另外，还可以从视频光盘中采集素材。

### 2.3.1 从磁带摄像机中采集

只有磁带摄像机的视频才需要进行采集，从而输入到计算机中。对于硬盘摄像机、闪存摄像机来说，无须进行采集，只需要通过 UBS 数据线将视频文件复制到计算机中即可。

采集指令主要在"采集"菜单下，如图 2-15 所示。

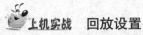 上机实战 从磁带摄像机中采集素材

*1* 将磁带摄像机通过 IEEE1394 数据线连接到计算机，如图 2-16 所示。

图 2-15 "采集"菜单

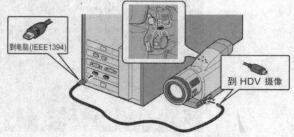

图 2-16 连接磁带摄像机与计算机

EDIUS 可以直接读取硬盘数码摄像机的视频，但是无法直接读取普通摄像机的视频。这需要在计算机上安装视频采集卡，如图 2-17 所示，才能对普通摄像机中的视频进行采集。视频采集卡的接口有多种选择，如 S-VIDEO（S 端子）、复合信号、分量信号，甚至 SDI 接口等等，不同的采集卡所提供的接口也不尽相同。

*2*　单击"采集"/"选择输入设备"命令，打开"选择输入设备"对话框，如图 2-18 所示。

图 2-17　视频采集卡

图 2-18　"选择输入设备"对话框

*3*　当前可选择的输入设备有 Generic OHCI-Input 和 Generic HDV-Input，如果安装有 DVStorm XA、EDIUS NX 之类视频采集卡，这里可有更多的可选项。

*4*　选择 Generic OHCI-Input 或 Generic HDV-Input 选项。这里选择 Generic OHCI-Input 选项，单击"确定"按钮。

 Generic OHCI-Input 选项主要是对标清视频的采集，Generic HDV-Input 选项则主要是对高清视频的采集。

*5*　此时，在 EDIUS 的播放窗口可看到磁带摄像机里拍摄的视频，如图 2-19 所示。

图 2-19　磁带摄像机里拍摄的视频

*6*　单击录制窗口右下方的"采集"按钮 ，开始采集工作。

*7*　在采集过程中，可以看到可供使用的磁盘空间等信息。采集完毕之后，视频素材将出现在 EDIUS 的素材库中。

*8*　另外，EDIUS 还提供了批量采集功能，一次可以采集多个视频。单击"采集"/"批量采集"命令，弹出"批量采集"对话框，如图 2-20 所示。

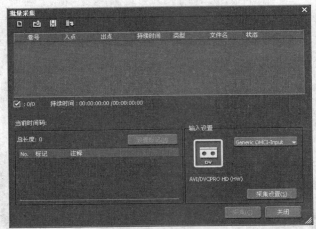

图 2-20 "批量采集"对话框

 批量采集功能仅适用于具有 1394 接口的磁带摄像机。

## 2.3.2 从光盘中采集

EDIUS 支持对 DVD 和音频 CD 内容的采集，包括如下格式的视频和音频光盘：

- 音频 CD：WAV 文件；
- DVD 视频：MPEG-2 文件；
- DVD-VR：MPEG-2 文件。

**上机实战 从光盘中采集素材到素材库中**

*1* 将光盘放入计算机光驱中。

*2* 用鼠标单击"源文件浏览"面板，在该面板中单击打开光盘，如图 2-21 所示。

图 2-21 打开光盘文件

*3* 选择所需要的素材，并单击"添加并传送到素材库"按钮█，传送完之后，素材出现在 EDIUS 素材库中。

对于大多数 DVD 来讲，其 VOB 文件可直接拖拽到时间线上使用。对于 VCD 来说，可将其中的文件扩展名为 DAT 的文件改为 MPG，即可直接使用。

### 2.3.3　导入 AVCHD 素材

如果使用的是拍摄 AVCHD 格式的摄像机，则可以很方便地将高清文件导入到计算机上进行编辑。AVCHD 是一种新型视频标准，这种标准允许用户将精细的高画质视频保存在诸如存储卡、DVD 或硬盘之类的媒介上。

在 EDIUS 中，能够将 AVCHD 格式数据直接导入作为素材进行编辑。而且，使用 EDIUS 编辑 AVCHD 的实时性能非常好。

**上机实战　将 AVCHD 素材导入到 EDIUS 中**

**1**　通过 USB 线，将 AVCHD 摄像机与计算机的 USB 接口连接。

**2**　用鼠标单击"源文件浏览"面板，在该面板中单击打开光盘，在源素材面板的"可移动媒体"一栏下，EDIUS 将自动识别出 AVCHD 摄像机存储卡内的素材。

**3**　直接双击视频的缩略图，即可在播放窗口预览，或者在其上单击右键，选择发送到素材库或上传至计算机硬盘。

## 2.4　时间线初步

所有的音视频编辑工作都是在时间线上进行的，时间线窗口是后期工作的核心部分。单击"视图"/"时间线"命令，可打开时间线窗口，如图 2-22 所示。

图 2-22　时间线窗口

时间线窗口是 EDIUS 的主要操作空间，由时间线工具栏、轨道面板、时间线标尺、播放指针等组成。

### 2.4.1　时间线基本操作

#### 1. 时间线序列

在 EDIUS 中，序列就是一组放置在时间线上的视频、声音、图像等素材，这一组素材可作为一个整体进行处理。可以打开与编辑时间线上的某一个序列，也可以创建多个时间线序列。

单击时间线工具栏中的"新建序列"按钮 ，即可创建一个新的时间线序列。单击"新建序列"按钮  旁边的三角符号，在弹出下拉列表中选择"新建工程"选项，可以创建一个新的工程。

另外，可对序列进行嵌套操作。所谓序列嵌套，就是将一个序列放入另一个序列中，再进行处理，其过程就如同放置素材一样。需要注意的是，序列可以嵌套在其他序列中使用，但不允许自身的嵌套。

2. 缩放时间线标尺

为了便于观察时间线中的轨道，需要缩放时间线标尺。

缩放时间线标尺有 3 种办法。

(1) 用鼠标拖动时间线面板的滑块 ，可对时间线标尺进行缩放。

(2) 单击时间线面板中的"放大"按钮 或者"缩小"按钮 ，可对时间线标尺进行缩放。

(3) 单击标尺单位上的三角符号 ，弹出下拉列表，从中选择相应的选项，可对时间线标尺进行缩放，如图 2-23 所示。

> **TIPS▶** 按下 Ctrl 键的同时滚动鼠标的中键，也可对时间线标尺进行缩放。

3. 添加轨道

EDIUS 工程默认有 1 条 VA (视音) 轨、1 条 V (视频) 轨、1 条 T (字幕) 轨和 4 条 A (音频) 轨。

一般而言，普通的视频剪辑拥有 3 条轨道放置视频素材就足够了，所以先来添加一条 V 轨。

**上机实战 添加轨道**

**1** 选择一条轨道。这里选择 1VA 轨，在轨道面板区域单击鼠标右键，在弹出的快捷菜单中，选择"添加"/"在上方添加视音频轨道"选项，如图 2-24 所示。

图 2-23 下拉列表

图 2-24 添加轨道

**2** 打开"添加轨道"对话框，如图 2-25 所示。

**3** 单击"确定"按钮添加一条 VA 轨，即 2VA 轨道，如图 2-26 所示。

图 2-25　"添加轨道"对话框　　　　　图 2-26　添加 2VA 轨道

　在 EDIUS 中视频轨道是一层层叠加的，上方的轨道会"盖"住下方的轨道。

4. 时间线标记

为了方便素材编辑，EDIUS 提供了时间线标记的功能。

**上机实战　时间线标记**

*1*　在时间线工具栏中单击"切换面板显示"按钮，在弹出的下拉列表中选择"序列标记"选项，如图 2-27 所示。

*2*　在时间线上添加标记，首先把播放指针移至需要设置标记的位置，然后在"序列标记"窗口中单击"设置标记"按钮，即可在时间线上添加一个新的标记。

*3*　除了给时间线添加标记之外，还可以为素材添加标记，方法是：在播放窗口中将播放指针移至需要设置标记的位置，在滑块区域单击鼠标右键，在弹出的快捷菜单中选择"设置/清除素材标记"选项，即可在素材上添加一个新的标记。

　在"序列标记"窗口中单击"切换序列标记/素材标记"按钮，可在素材标记与时间线标记之间切换。

5. 音视频的链接与吸附

**上机实战　音视频的链接与吸附**

*1*　导入一段音视频素材，并放置到时间线的 VA 轨道上，如图 2-28 所示。

*2*　如果将音视频素材放置到时间线的 V 轨道上，只要视频进入 V 轨道，音频将进入时间线的 A 轨道上，如图 2-29 所示。

*3*　将放置到 VA 轨道上的音视频素材拖拽到 V 轨道，只要视频进入 V 轨道，音频将被自动删除；同样，如果将音视频素材拖拽到 A 轨道，只要音频进入 A 轨道，视频将被自动删除，如图 2-30 所示。

图 2-27 "序列标记"窗口

图 2-28 导入音视频素材并放置到 VA 轨道上

图 2-29 视频和音频

图 2-30 音频进入 A 轨道视频被自动删除

音视频素材中的音频与视频是紧密链接在一起的，删除视频，那么音频也会被删除；反之亦然。如果在时间线窗口中单击"组/链接模式"按钮 ，音频与视频之间的链接将被取消；再次单击"组/链接模式"按钮 ，音频与视频之间将链接起来。

4 在时间线窗口中单击"吸附到事件"按钮 ，移动素材到播放指针、素材的出点与入点标记处时将自动吸附素材；再次单击"吸附到事件"按钮 ，取消吸附功能。

### 2.4.2 时间线的编辑模式

在编辑素材的同时保持与其他素材的位置关系，建议采用波纹模式和同步模式。把素材添加到时间线的时候，需要注意插入模式和覆盖模式。

1. 时间线的同步模式

当移动一个素材时，所有轨道上的素材均会受影响而移动。EDIUS 6 的同步模式与以前不同，同步模式现在变为轨道同步按钮。如图 2-31 所示，当开启波纹模式和同步模式时，左侧第二个素材被删除。

图 2-31 同步模式

单击轨道面板的"轨道同步"按钮，即可开启或者关闭同步模式。也可以使用轨道面板的"轨道同步总开关"按钮来统一开启或关闭轨道同步。

### 2. 时间线的波纹模式

当某个素材被删除或剪切时，同一轨道上的其他素材都将前移。同样，当添加或移动某个素材时，其他素材也将随之移动。EDIUS 中各素材间的确存在相互影响，它们就像水中的涟漪一样一个接一个地连在一起，这被形象地称作波纹模式。波纹模式默认为开启。

需要注意的是，波纹模式仅影响当前编辑轨道。如图 2-32 所示，开启波纹模式后，左侧第二个素材被删除，任何其他轨道上的素材均不会移动。

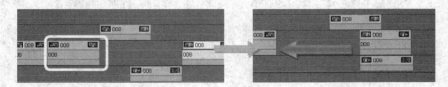

图 2-32　波纹模式

即使波纹模式未开启，也可以通过快捷方式执行波纹剪切或波纹删除。

单击轨道面板的"设置波纹模式"按钮，即可关闭波纹模式。关闭波纹模式时，"设置波纹模式"按钮变为。

 同时开启波纹模式和同步模式后，当前素材的操作将影响时间线所有轨道上入点在操作点之后的全部素材。在使用 EDIUS 时，应特别注意波纹模式和同步模式处于何种状态。

### 3. 插入模式和覆盖模式

插入模式和覆盖模式，分别对应于播放窗口中的两个按钮："插入至时间线"按钮和"覆盖到时间线"按钮。这两个按钮用于将素材添加到时间线。在执行插入模式时，素材被插入到指针位置，指针位置后的其他素材后移。在执行覆盖模式时，添加的素材覆盖时间线上的原有素材，被覆盖的素材长度以新添加的素材长度为准。

**上机实战　插入模式和覆盖模式**

*1*　导入素材，并放置到时间线上，将播放指针移至合适的位置，如图 2-33 所示。

图 2-33　将播放指针移至合适的位置

*2*　在素材库窗口中双击另一个素材，在播放窗口中单击"插入至时间线"按钮，以插入模式将素材添加到时间线上，如图 2-34 所示。

*3*　如果在播放窗口中单击"覆盖到时间线"按钮，以覆盖模式将素材添加到时间线上，如图 2-35 所示。

图 2-34 以插入模式将素材添加到时间线上

图 2-35 以覆盖模式将素材添加到时间线上

## 2.5 素材的基本处理

### 2.5.1 导入素材

可以从素材库窗口导入保存在计算机中的文件作为素材进行编辑。

**上机实战 导入素材**

*1* 在素材库窗口中单击"添加素材"按钮，弹出"打开"对话框，如图 2-36 所示。

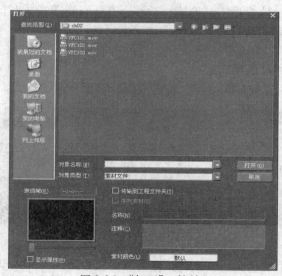

图 2-36 "打开"对话框

*2* 打开保存素材文件的文件夹，选择所需要的素材文件，单击"打开"按钮即可将素材文件导入到素材库中。

可以选择多个文件将其同时导入，如图 2-37 所示。如果选择"传输到工程文件夹"复选框，在将文件导入 EDIUS 的同时复制到工程文件夹中。另外，还可以为素材添加注释。

图 2-37　导入的素材已被保存在素材库中

### 2.5.2　视频监视

在素材库中双击素材可以在播放窗口进行播放，如图 2-38 所示。

图 2-38　在播放窗口进行播放

在播放窗口下方的时间飞梭▦和滑块▮用于定位素材。按住左侧的飞梭不放，EDIUS 可以提供 21 级的正反向播放速度选择（−16 倍速～16 倍速）。而时间滑块的使用则更为方便，直接拖拽即可方便定位素材。

另外，单击"上一帧"按钮◀▮或"下一帧"按钮▮▶，可以逐帧播放视频。

### 2.5.3　在时间线上放置素材

时间线窗口的轨道面板，是可以在其中依次放置素材并进行视频编辑的区域。轨道的类型很多，在轨道上放置的素材视轨道类型不同而异。

● V 轨：在该区域可以放置视频素材。
● VA 轨：在该区域可以放置视频素材、音频素材以及带音频的视频素材。

- T 轨：在该区域可以放置字幕素材。
- A 轨：在该区域可以放置音频素材。

需要注意的是，上方轨道中的视频素材将覆盖下方轨道中的显示内容。

**上机实战 在时间线上放置素材**

*1* 放置素材前先定位时间线指针并指定轨道，如图 2-39 所示。

图 2-39 定位时间线指针并指定轨道

*2* 在素材库窗口中单击选中要放置在时间线上的素材。

*3* 单击"添加到时间线"按钮 。该素材被放置在选定轨道的当前时间线指针位置，如图 2-40 所示。

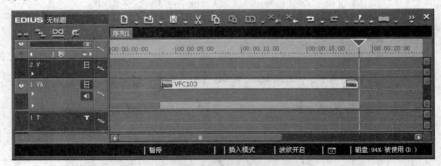

图 2-40 放置素材

通过从素材库或播放窗口中直接拖放，也可以将素材放置到时间线。

### 2.5.4 素材的选择、移动、删除、复制和粘贴

用鼠标单击时间线窗口轨道中的素材即可选择该素材；在轨道空白处单击即可取消选择。单击轨道中的素材并拖拽可移动素材。

单击要删除的素材将其选中，按 Del 键可删除选中的素材，在波纹模式下，后面的素材会前移。

用鼠标右键单击轨道中的素材，在弹出的快捷菜单中选择"复制"选项，选择轨道并定位播放指针的位置，用鼠标右键单击轨道的空白处，在弹出的快捷菜单中选择"粘贴"选项，即可完成素材的复制操作。

选择轨道中的素材，按下 Ctrl+C 组合键也可复制素材。按下 Ctrl+V 组合键可将
素材粘贴到播放指针的位置。

### 2.5.5　分割素材

　　分割素材是指将素材中不需要的部分进行剪除处理。

**上机实战　分割素材**

　　*1*　将素材从素材库添加到时间线的轨道中，把播放指针移至需要分割的位置，如图 2-41
所示。

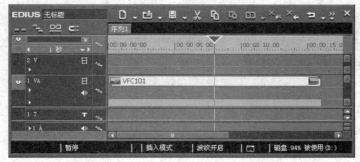

图 2-41　把播放指针移至需要分割的位置

　　*2*　如果按 M 键，播放指针之后的素材内容将被剪除，如图 2-42 所示；如果按 N 键，
播放指针之前的素材内容将被剪除，如图 2-43 所示。

图 2-42　播放指针之后的素材内容将被剪除

图 2-43　播放指针之前的素材内容将被剪除

### 2.5.6 设置组

将多个素材设置为组之后，所有的素材成为一个整体。移动其中一个素材，组里的其他素材都会随之移动。

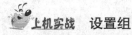 **上机实战　设置组**

**1** 将素材从素材库添加到时间线的轨道中，如图 2-44 所示。

图 2-44　添加素材

**2** 选择时间线窗口中所有的素材，单击"素材"/"连接/组"/"设置组"命令，即可将所选择的素材设置为一个组。

 单击"素材"/"连接/组"/"解组"命令，即可解散组。

### 2.5.7 素材的离线与恢复

素材库中保存的素材与其源文件相关联。如果移动、删除了源文件，或者更改了源文件的文件名，打开工程时将出现素材离线问题。

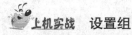 **上机实战　素材的离线与恢复**

**1** 打开 EDIUS 工程文件，如果播放窗口显示为黑白方格，如图 2-45 所示。素材库窗口中出现"离线素材"的信息，如图 2-46 所示。同时，时间线的状态栏上出现"离线素材"标记，这就是素材的离线。

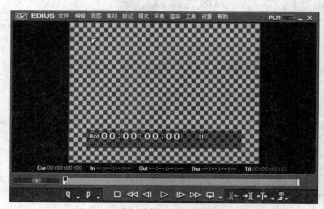

图 2-45　播放窗口显示为黑白方格

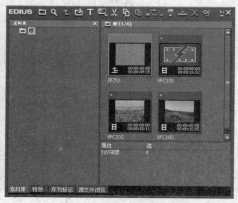

图 2-46　素材库窗口

2　双击时间线状态栏的"离线素材"标记，即可打开"恢复离线素材"对话框，如图 2-47 所示。

3　从"离线素材"列表框中选择相应的素材，单击"恢复方法"列表按钮，在弹出的列表中选择"重新连接（选择文件）"选项，如图 2-48 所示。

图 2-47　"恢复离线素材"对话框　　　　　图 2-48　选择选项

4　在弹出的"打开"对话框中选择相应的素材文件，单击"打开"按钮完成素材的恢复操作。

## 2.5.8　调整素材的播放速度

在 EDIUS 中，可通过"速度"命令和"时间重映射"命令改变视频的速度，从而实现快慢镜头与倒放的效果。

**上机实战　调整素材播放速度**

1　导入一段视频，如图 2-49 所示。

2　用鼠标右键单击放置在时间线上的素材，在弹出的快捷菜单中，选择"时间效果"/"速度"选项，弹出"素材速度"对话框，如图 2-50 所示。

图 2-49　导入视频　　　　　　图 2-50　"素材速度"对话框

**3** 在"素材速度"对话框中根据需要修改"比率"或者"持续时间"即可。"比率"小于 100% 是减速，大于 100% 是加速，负值是逆向播放。

 "速度"命令只能调整整段视频的速度，而"时间重映射"命令可以使用关键点来控制素材速度的快慢。

**4** 用鼠标右键单击放置在时间线上的素材，选择"时间效果"/"时间重映射"选项，弹出"时间重映射"对话框，如图 2-51 所示。

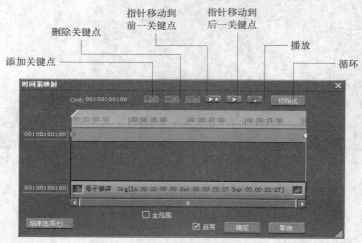

图 2-51　"时间重映射"对话框

**5** 在"时间重映射"对话框的顶部有控制时间的关键点相关按钮，分别是添加关键点、删除关键点、指针移动到前一关键点、指针移动到后一关键点、播放和循环按钮。

**6** 将播放指针移至 5 秒处，单击"添加关键点"按钮　添加关键点。添加的关键点代表素材上的某一帧，两者之间有指示线相连，如图 2-52 所示。

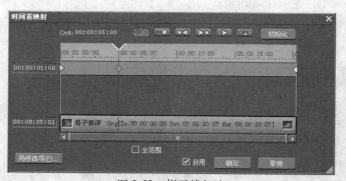

图 2-52　指示线相连

**7** 将播放指针移至 15 秒处，单击"添加关键帧"按钮　添加关键点，如图 2-53 所示。

 时间轴上的关键点和素材上的指示线都可以随意移动，从而造成时间轴上关键点之间的长度和素材指示线之间的长度不一。

图 2-53　添加关键点

*8*　将添加的第 1 个关键点向右移动，另一个添加的关键点的指示线保持垂直，所添加的第 1 个关键点之前为慢镜头，所添加的第 2 个关键点之前为快镜头，所添加的第 2 个关键点之后为正常速度。如图 2-54 所示。

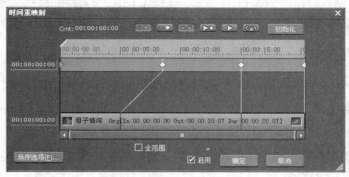

图 2-54　时间轴上的关键点

*9*　分别选择前面添加的两个关键点，单击"删除关键帧"按钮 删除关键点。将播放指针移至 10 秒处，单击"添加关键帧"按钮 添加关键点，如图 2-55 所示。

图 2-55　添加关键点

*10* 将该关键点后的指示线向左移动，将该关键点前的指示线向右移动，两条指示线呈现相交，实现逆向播放，如图 2-56 所示。

要在时间重映射中得到逆向播放效果，由于时间轴的关键点不能逆序，必须调整素材上的指示线。

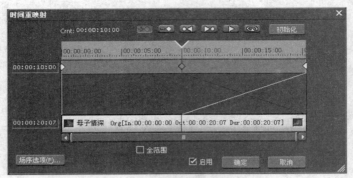

图 2-56　指示线呈现相交

## 2.6　音频处理

EDIUS 支持 WAV、MP3、AIFF 以及多声道 AC3 格式的音频文件。推荐使用 WAV 文件作为标准的后期编辑使用文件。

### 2.6.1　音频的置入

在 EDIUS 中可以添加背景音乐（BGM）或旁白，或者调整部分声音的音量。

1. 导入 CD 音乐

在 EDIUS 中可以导入 CD 音乐数据作为视频的背景音乐。利用源文件浏览窗口，可以方便地将音频采集成一个可编辑的素材文件，并存储到计算机硬盘中。

**上机实战　导入 CD 音乐**

*1*　将音乐 CD 放入计算机的光盘驱动器中。

*2*　在 EDIUS 中切换到"源文件浏览"，列表中音频 CD/DVD 项目中自动列出了 CD 上的曲目，如图 2-57 所示。

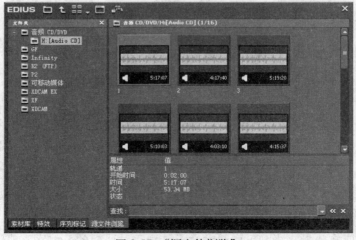

图 2-57　"源文件浏览"

*3*　用鼠标右键单击曲目，在弹出的快捷菜单中选择"播放"选项，可以预览音乐文件。

*4* 选取要导入的曲目，单击"添加并传送到素材库"按钮 ，或者用鼠标右键单击该曲目，在弹出的快捷菜单中选择"添加并传输到素材库"选项，此时素材库如图 2-58 所示。

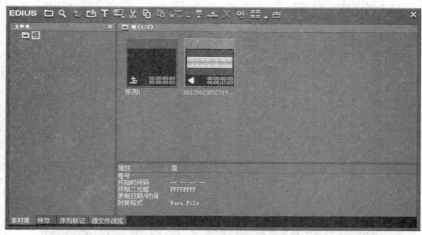

图 2-58　素材库

除了可以使用音乐 CD 上的音频之外，还可直接将音频文件导入到素材库中，比如 WAV、MP3 等音频文件。

2. 添加背景音乐

可以将素材库中的音频素材作为背景音乐放置在时间线上。

**上机实战　添加背景音乐**

*1* 双击素材库的空白处，导入音频文件 coming home.mp3，用鼠标将它直接拖拽到 1A 音频轨道上，并裁剪到合适的长度，然后单击 1A 左侧的小三角图标展开轨道，可以看到音频的波形，如图 2-59 所示。

图 2-59　音频的波形

波峰和波谷的图形化显示能帮助用户根据音乐节奏来定位视频的剪辑点。

**2** 默认状态下，EDIUS 是以对数形式来显示波形，可以将其设置为线性形式。单击"设置"/"用户设置"命令，打开"用户设置"对话框，从中选择"时间线"命令，在"波形"下拉列表框中选择"线性"选项，如图 2-60 所示。

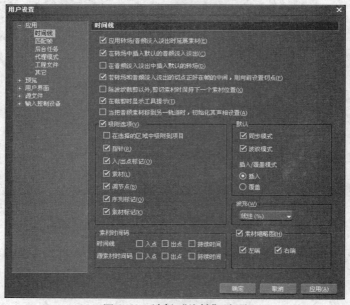

图 2-60　选择"线性"选项

**3** 单击"确定"按钮，波形显示效果如图 2-61 所示。

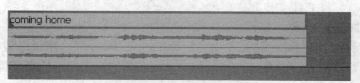

图 2-61　波形显示效果

在对数形式下，所有对音频的调节线都呈曲线，过渡非常柔和，如图 2-62 所示。线性形式下，调节线都呈线性直线，如图 2-63 所示，过渡效果自然会相对差一点。

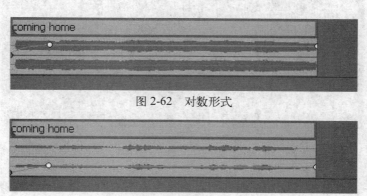

图 2-62　对数形式

图 2-63　线性形式

### 2.6.2　调整音量

**上机实战　调整音量**

　　*1*　双击素材库的空白处，导入音频文件 song.mp3，用鼠标将它直接拖拽到 1A 音频轨道上，如图 2-64 所示。

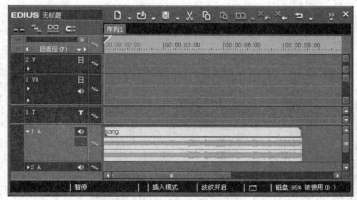

图 2-64　导入音频

　　*2*　单击 1A 轨道中的"音量/声相切换"按钮 █，切换为音量状态，出现橙色调整线，如图 2-65 所示；再次单击"音量"按钮 █，切换为声相状态，出现蓝色调整线，如图 2-66 所示。

图 2-65　音量状态

图 2-66　声相状态

声相对于双声道的立体声来说就是指左右声道。

**3** 切换为音量状态，在按住 Shift+Alt 组合键的同时，单击鼠标并上下拖动音频调节线来调整音量，如图 2-67 所示。

向上拖动调节线可以提高音量，向下拖动可以降低音量。还可以用数值来调节音量调节点，方法是：用鼠标右键单击选中的调节点，在弹出的快捷菜单中选择"移动"选项，打开"调节点"对话框，设置对话框中的相关选项，如图 2-68 所示。

图 2-67　拖动调节点调整音量　　　　图 2-68　"调节点"对话框

## 2.6.3　调整轨道间的音量均衡

在 EDIUS 中，可以使用调音台调整音量均衡，例如调低背景音乐的音量、调高旁白的音量。还可以使用调音台可以在回放时间线的同时实时调整声音。

　**上机实战　调整轨道间音量均衡**

**1** 单击"切换调音台显示"按钮 ，打开"调音台"对话框，如图 2-69 所示。

在"调音台"对话框中，与工程中可放置音频的轨道一一对应，通过移动各个轨道的音量控制滑块，调整各个音轨的音量，也可以调整主音轨的滑块，从而调整整个时间线的音量。

**2** 在"调音台"对话框中，单击 1A 轨道的操作按钮，然后在弹出的列表中选择"轨道"选项，如图 2-70 所示。

当操作按钮显示为"关闭"时，音量控制器滑块不可用。

**3** 单击"播放"按钮 ，上下移动 1A 轨道的音量控制滑块，可以一边监听声音一边调整音量。

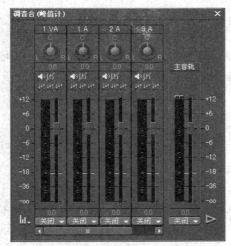

图 2-69　"调音台"对话框

图 2-70　选择"轨道"选项

在 EDIUS 中，用颜色来标注音量电平计，如图 2-71 所示。其中绿色表示比较合适；黄色和橙色部分表示节目的音量已接近临界点，某些音乐歌舞节目允许瞬间最大音量可以达到这个值；红色部分表示超标，会对播出设备和播出效果产生严重影响，必须尽量避免。

**4**　在"调音台"对话框中，单击"设置"按钮█，弹出如图 2-72 所示的列表。EDIUS的调音台有两种基本的计量方式，即峰值和平均值。VU 表就是一种平均值表，它反映的并不是瞬时的实际音量，但是它的指示和人们所能察觉到的响度基本保持一致。而峰值表（PPM）则可以对信号做出极快的反映。一般而言，峰值表的上升时间为 10 毫秒，回落时间为 4 秒。快速的上升时间可以对持续时间极短的信号做出正确的反映，缓慢的回落时间则给予用户足够的时间去关注信号峰值。

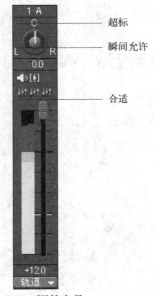

图 2-71　调整音量

图 2-72　"设置"列表

dBFS（dB Full Scale）是数字音频信号电平单位，也叫满度相对电平。Full Scale 指 0 dBFS 的位置，等于满度的数字音频参考电平。"满刻度"是指转换器可能达到"数字过载"之前的最大可编码模拟信号电平。数字音频信号以系统能处理的最大音频信号的编码为基准值，数字音频信号幅度的编码相对于这个最大音频编码所代表的幅度之比，即为满度相对电平，因为规定最大值为基准，所以，实际数字音频信号的相对电平都为负值。

## 2.7　本章小结

通常在拍摄素材或将拍摄素材导入到计算机前，首先要策划该工程（节目）的构架。确定了主要设计方案后，便知道要准备哪些素材、要从准备好的素材中选择哪些部分，以及如何放置选中的素材等，本章主要介绍了 EDIUS 的工程创建、环境设置、素材、时间线、采集素材处理及音频处理等，读者通过学习相关内容，可以有条理地进行拍摄和编辑数据。

## 2.8　本章习题

一、填空题

1. 在 EDIUS 中，_____提供了各种剪辑工具，用于对_____处理。
2. 素材编辑分两种，即_____、_____。
3. 所有的音视频编辑工作都是在_____进行的，时间线窗口是后期工作的_____。

二、简答题

1. 什么是时间线序列？
2. 简述时间线的同步模式与波纹模式。

三、上机操作

综合所学知识，上机练习素材的采集编辑与时间线的操作。

# 第 3 章　EDIUS 特效

　**内容提要**

在 EDIUS 中，对视频或音频使用的特殊效果称为"特效"。EDIUS 的特效位于"特效"面板中，包括系统预设、视频滤镜、音频滤镜、转场、音频淡入淡出、字幕混合、键等。

## 3.1　特效面板

为了方便不同用户的使用，EDIUS 特效面板有两种显示方式，即文件夹视图和树型列表视图。如图 3-1 所示为文件夹视图，面板左侧为滤镜种类名称列表，右侧为滤镜的图标快捷方式。某些特效如转场，被鼠标选中的图标还能预览该特效的动画效果。

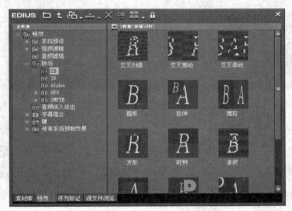

图 3-1　特效面板的文件夹视图

单击"特效"面板顶部工具条中的"隐藏特效视图"按钮，文件夹视图按钮可切换其显示方式为树型列表视图，如图 3-2 所示。

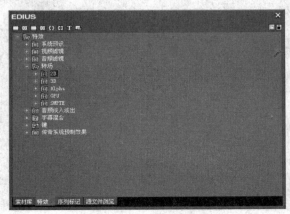

图 3-2　特效面板的树型列表视图

树型列表视图非常简洁，列出了所有滤镜的名称，被选中的图标也能预览该特效的动画效果，比较适合高级用户使用。单击"特效"面板右上角的"显示特效视图"按钮，可切换为文件夹视图。

## 3.2 视频滤镜

### 3.2.1 色彩校正滤镜

视频滤镜中相当重要的一个类别就是"色彩校正"滤镜，如图 3-3 所示。

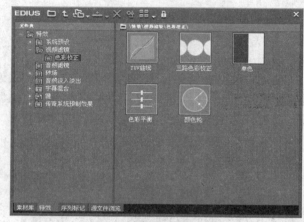

图 3-3 "色彩校正"滤镜

#### 1. YUV 曲线

在"YUV 曲线"色彩校正滤镜中，亮度信号被称作 Y，色度信号是由两个互相独立的信号组成，分别为 U 和 V。与传统的 RGB 调整方式相比，YUV 曲线更符合视频的传输和表现原理，大大增强校色的有效性。如图 3-4 所示为"YUV 曲线"对话框，如图 3-5 所示为使用"YUV 曲线"色彩校正滤镜前后的效果。

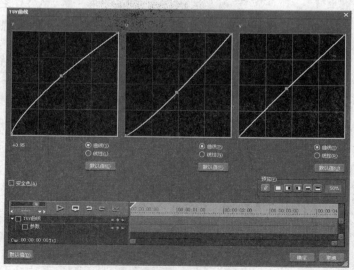

图 3-4 "YUV 曲线"对话框

图 3-5 使用 "YUV 曲线" 色彩校正滤镜前后效果对比

**2. 单色**

"单色" 色彩校正滤镜可将画面调成某种单色效果。如图 3-6 所示为 "单色" 对话框，如图 3-7 所示为使用 "单色" 色彩校正滤镜后的效果。

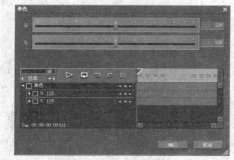

图 3-6 "单色" 对话框

图 3-7 使用 "单色" 色彩校正滤镜后

**3. 白平衡**

"白平衡" 色彩校正滤镜分别控制画面的高光、中间调和暗调区域色彩。可以多次使用该滤镜实现多次二级校色，是 EDIUS 中使用最频繁的校色滤镜之一。如图 3-8 所示为 "白平衡" 对话框。

图 3-8 "白平衡" 对话框

#### 4. 色彩平衡

"色彩平衡"色彩校正滤镜除了可以调整画面的色彩倾向以外，还可以调节色度、亮度和对比度，也是 EDIUS 中使用最频繁的校色滤镜之一，如图 3-9 所示为"色彩平衡"对话框。

#### 5. 颜色轮

"颜色轮"色彩校正滤镜提供了色轮的功能，对于颜色的转换比较有用，如图 3-10 所示。

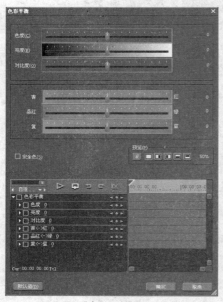

图 3-9 "色彩平衡"对话框

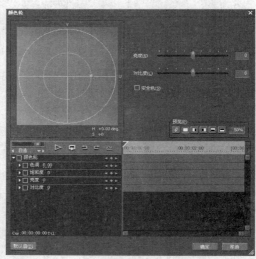

图 3-10 "颜色轮"对话框

### 3.2.2 其他视频滤镜

EDIUS 把一些不方便归类的视频滤镜放到"其他视频滤镜"类别中，如图 3-11 所示。

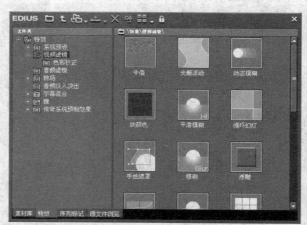

图 3-11 "其他视频滤镜"类别

#### 1. 光栅滚动

该滤镜创建画面的波浪扭曲变形效果，可以为变形程度设置关键帧，如图 3-12 所示；光栅滚动效果如图 3-13 所示。

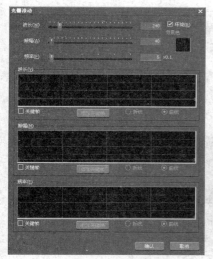

图 3-12　设置光栅滚动参数

图 3-13　应用光栅滚动效果的前后对比

### 2. 模糊

模糊滤镜可以使画面产生模糊效果，如图 3-14 所示；应用模糊滤镜的前后对比如图 3-15 所示。

图 3-14　设置模糊滤镜参数

图 3-15　应用模糊效果的前后对比

当模糊值较大时，使用"平滑模糊"滤镜，算法更好，画面更柔和。

### 3. 浮雕

浮雕可以让图像立体感看起来像石版画，如图 3-16、图 3-17 所示。

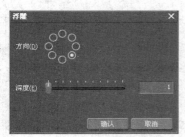

图 3-16　设置浮雕滤镜参数

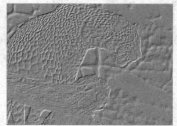

图 3-17　应用浮雕效果的前后对比

#### 4. 混合滤镜

混合滤镜可以将两个滤镜效果以百分比率混合，混合程度可以设置关键帧动画。虽然滤镜本身只提供两个效果的混合，但是需要混合多个效果的话，可以嵌套使用，如图 3-18 所示。

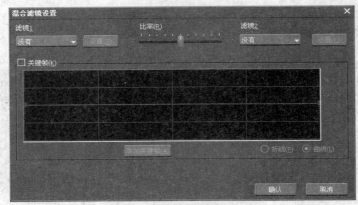

图 3-18　混合滤镜

#### 5. 焦点柔化

与单纯的模糊不同，焦点柔化更类似一个柔焦效果，可以为画面添加一层梦 幻般的光晕，如图 3-19、图 3-20 所示。

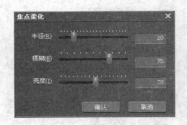

图 3-19　设置焦点柔化滤镜参数

图 3-20　应用焦点柔化效果的前后对比

#### 6. 铅笔画

铅笔画的效果可以让画面看起来好像是铅笔素描一样，如图 3-21、图 3-22 所示。

图 3-21　设置铅笔画滤镜参数

图 3-22　应用铅笔画效果的前后对比

#### 7. 镜像

该滤镜使画面垂直或者水平镜像画面，实际工作使用时，要小心文字镜像造成镜头的"穿帮"，如图 3-23、图 3-24 所示。

图 3-23　设置镜像滤镜参数　　　　　图 3-24　应用镜像效果的前后对比

### 8. 马赛克

马赛克是使用率相当高的特效，将画面应用马赛克，与"区域"滤镜组合使用相当常见，如图 3-25、图 3-26 所示。

图 3-25　设置马赛克滤镜参数　　　　图 3-26　应用马赛克效果的前后对比

### 9. 老电影

该滤镜惟妙惟肖地模拟了老电影中特有的帧跳动、落在胶片上的毛发杂物等等因素，配合色彩校正使其变得泛黄或者黑白化的话，可能真的无法分辨出哪个才是真正的"老古董"，也是使用频率较高的一类特效，如图 3-27、图 3-28 所示。

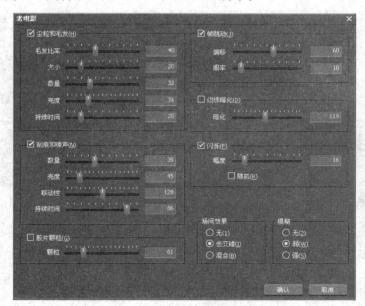

图 3-27　设置老电影滤镜参数

图 3-28　应用老电影效果的前后对比

**10. 色度**

色度是一个非常有用的滤镜，它指定一种颜色作为关键色来定义一个选择范围，并在其内部、外部和边缘添加滤镜。比较常见的是配合色彩滤镜进行二次校色，也可以配合其他滤镜来得到一些特殊效果。色度滤镜还可以反复进行嵌套使用，达到对画面的多次校色，如图 3-29 所示。

图 3-29　色度滤镜参数

**11. 视频噪声**

视频噪声可以为视频添加杂点，适当的数值可以为画面增加胶片颗粒质感，如图 3-30、图 3-31 所示。

图 3-30　设置视频噪声滤镜参数　　　　　图 3-31　应用视频噪声效果的前后对比

# 3.3　音频滤镜

EDIUS 中的音频滤镜相对数量较少，位于"特效"面板中的"特效"/"音频滤镜"目录下，如图 3-32 所示。

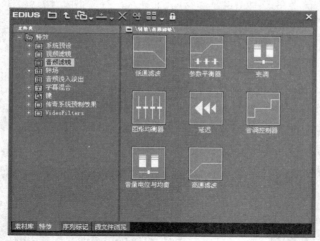

图 3-32  音频滤镜

### 1. 低通／高通滤波

低于／高于某给定频率的信号可有效传输，而高于／低于此频率（滤波器截止频率）的信号将受到很大衰减。通俗地说，低通滤波除去高音部分（相对），高通滤波除去低音部分（相对），低通／高通滤波的参数调整如图 3-33、图 3-34 所示。

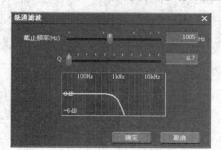

图 3-33  低通滤波参数设置

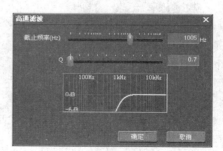

图 3-34  高通滤波参数设置

### 2. 变调

该滤镜在转换音调的同时保持音频的播放速度，如图 3-35 所示。

### 3. 延迟

延迟滤镜可以调节声音的延迟参数，使其听上去像是有回声一样，增加听觉空间上的空旷感，如图 3-36 所示。

图 3-35  变调参数设置

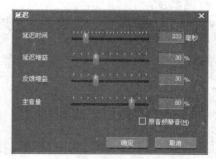

图 3-36  延迟参数设置

**4. 音量电位与均衡**

该滤镜分别调节左右声道和各自的音量，是 EDIUS 中一个使用非常频繁的音频滤镜，如图 3-37 所示。

**5. 参数平衡器／图形均衡器／音调控制器**

这三个滤镜都可看作均衡器一类的工具。均衡器将整个音频频率范围分为若干个频段，使用者可以对不同频率的声音信号进行不同的提升或衰减，以达到补偿声音信号欠缺的频率成分和抑制过多的频率成分的目的。以下是图形均衡器的参数设置，如图 3-38 所示。

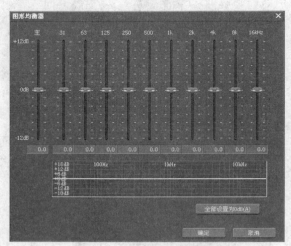

图 3-37　音量电位与均衡参数设置　　　　图 3-38　图形均衡器的参数设置

- 20Hz~50Hz 部分：低频区，也就是常说的低音区。适当的调节会增进声音的立体感，突出音乐的厚重和力度，适合表现出乐曲的气势恢弘；但提升过高的话，会降低音质的清晰度，感觉混浊不清。
- 60Hz~250Hz 部分：低频区，适合表现鼓声等打击乐器的音色。提升这一段可使声音丰满；但同样，过度提升也会使声音模糊。
- 250Hz~2KHz 部分：这个频段包含了大多数乐器和人声的低频谐波，因此它的调节对于还原乐曲和歌曲的效果都有很明显的影响；但如果提升过多会使声音失真，设置过低又会使背景音乐掩盖人声。
- 2kHz~5KHz 部分：这个频段表现的是音乐的距离感。提升这一频段，会使人感觉与声源的距离变近了，而衰减就会使声音的距离感变远，同时它还影响着人声和乐音的清晰度。
- 5kHz~16kHz 部分：高频区，提升这段会使声音洪亮、饱满，但清晰度不够；衰减时声音会变得清晰，可音质又略显单薄。该频段的调整对于歌剧类的音频素材相当重要。

## 3.4　转场

EDIUS 拥有数量丰富的转场，它们位于"特效"面板的"转场"目录下，包括 2D 转场、3D 转场、Alpha 转场等等，其自带的转场效果可达数百种。

除了一些较特殊的转场，大部分转场设置面板的选项都差不多。

### 1. 预设

打开转场设置面板以后，首先看到的就是预设列表，如图 3-39 所示。几乎所有的转场都提供了许多效果预设，只需要双击其中的一项即可应用到自己的影片里。用户还可以将自己的设置保存下来调用，变成独一无二的自定义预设。

### 2. 选项

每个滤镜由于各自的效果不同，涉及的内容也相应不同，如图 3-40 所示。转场的形式主要由这里的选项控制（注意：项目选项卡的数量和种类也会不同）。

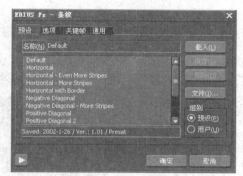

图 3-39  转场设置面板

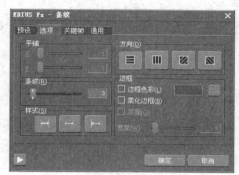

图 3-40  选项设置

### 3. 关键帧

关键帧标签卡的内容相对较为统一，通过关键帧来调节转场完成的百分比。图中的横轴表示时间，纵轴表示百分比，如图 3-41 所示。

EDIUS 提供了几种已设置好的关键帧曲线样式，如图 3-42 所示。

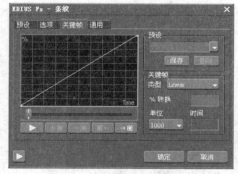

图 3-41  关键帧设置

图 3-42  关键帧曲线样式

- Bounce twice（弹跳两次）：即两段视频切换两次。
- Default（默认）：即初始时的一条斜线，表示转场时间内由一段视频匀速变换到另一段视频。
- Half way then back（半程返回）：即转场进行到一半时，再转回原来的视频。
- Pause halfway（半程暂留）：即转场进行到一半时，先停止转换一段时间，再接着完成转场。

- Slow down（减缓）：即转场速度是一个减速曲线。
- Speed up（加速）：即转场速度是一个加速曲线。
- Stepwise bounce（阶跃）：阶段性反复重复转场过程。

关键帧补间类型是指通过选择一段曲线端点的曲率调节曲线形状，进而调节转场进行的速度变化节奏，如图 3-43 所示。

- Linear（线性）：直线过渡，表示匀速变换。
- Ease in（入点平缓）：点的入点处曲率大，曲线平缓，速度变化慢；出点处曲率小，曲线陡峭，速度变化快。
- Ease out（出点平缓）：点的出点处曲率大，曲线平缓，速度变化慢；入点处曲率小，曲线陡峭，速度变化快。
- Ease in/out（入／出点平缓）：点的入点和出点处曲率都大，曲线呈一个"S"型，表示速度有一个加速和减速过程。

4. 通用

通用选项卡提供了渲染方面的几个选项，如图 3-44 所示。

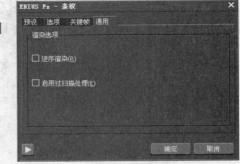

图 3-43　补间类型　　　　　　　　图 3-44　通用设置

- 逆序渲染：原先由画面 A 转化为 B，颠倒后由 B 转化为 A。
- 启用过扫描处理：如果转场存在一圈"外框"的话（其实处在安全框以外），取消选择即可。

### 3.4.1　2D 转场组

打开工程文件，如图 3-45 所示。该工程文件包括两段视频，时间线面板如图 3-46 所示。

图 3-45　工程文件

1. 溶化

溶化是最常用的转场，如图 3-47 所示。

图 3-46 时间线面板　　　　　　　　　　　　图 3-47 溶化效果

**2. 交叉推动**

交叉推动是指 AB 视频作条状穿插，如图 3-48 所示。

**3. 交叉滑动**

交叉滑动是指 A 视频不动，B 视频作条状穿插，如图 3-49 所示。

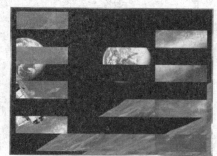

图 3-48 交叉推动效果　　　　　　　　　　　图 3-49 交叉滑动效果

**4. 交叉划像**

交叉划像是指 AB 视频都不动，它们的可见区域作条状穿插，如图 3-50 所示。

**5. 板块**

板块是指转场类似一个矩形运动的轨迹，如图 3-51 所示。

图 3-50 交叉划像效果　　　　　　　　　　　图 3-51 板块效果

**6. 方形**

方形转场的形式是各种形式的矩形，如图 3-52 所示。

**7. 圆形**

圆形转场的形式是各种形式的圆形，如图 3-53 所示。

图 3-52 方形效果

图 3-53 圆形效果

### 8. 时钟

时钟转场形式类似时针的走向，如图 3-54 所示。

### 9. 推拉

推拉是指 AB 视频各自压缩或延展，看上去就像一个把另一个"推出去"，如图 3-55 所示。

图 3-54 时钟效果

图 3-55 推拉效果

### 10. 滑动

滑动是指各种各样的划像方式，如图 3-56 所示。

### 11. 拉伸

拉伸是指视频由小变大或者由大变小，如图 3-57 所示。

### 12. 条纹

条纹转场形式为各种角度的条纹，如图 3-58 所示。

图 3-56 滑动效果

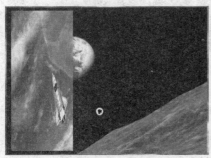

图 3-57 拉伸效果

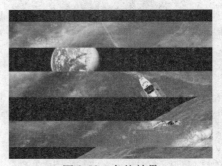

图 3-58 条纹效果

### 3.4.2 3D 转场组

包括 3D 溶化、3D Dissolve、3D 叠化。叠化时，视频可以作 3D 空间运动，如图 3-59 所示。

**1. 百叶窗**

3D 空间的"百叶窗"转场效果，如图 3-60 所示。

图 3-59 视频素材

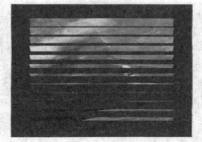

图 3-60 百叶窗效果

**2. 立方体旋转**

立方体旋转是指将 AB 视频贴在 3D 空间旋转的立方体表面上，如图 3-61 所示。

**3. 双门**

"双开门"的转场是一种较为常见的转场方式，如图 3-62 所示。

图 3-61 立方体旋转效果

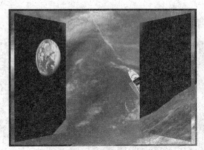

图 3-62 双门效果

**4. 翻转**

翻转是指将 AB 视频分别"贴"在一块"平面"的正反两侧，通过 3D 空间内的翻转，完成转场过程，如图 3-63 所示。

**5. 飞出**

飞出是指让一段视频"飞走"或"飞入"，如图 3-64 所示。

图 3-63 翻转效果

图 3-64 飞出效果

### 6. 四页
四页是指 4 片卷页方式的转场，如图 3-65 所示。

### 7. 卷页
卷页是指一个传统的卷页效果，如图 3-66 所示。

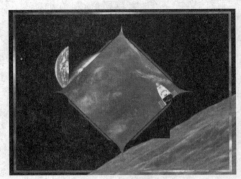

图 3-65　四页效果

图 3-66　卷页效果

### 8. 卷页飞出
卷页飞出是指一个视频的页面卷开并飞出／飞入，如图 3-67 所示。

### 9. 翻页
翻页是指 AB 视频处于页面的正反两侧，通过翻转页面完成转场，如图 3-68 所示。

图 3-67　卷页飞出效果

图 3-68　翻页效果

### 10. 单门
单门是指传统的"单开门"转场，也是一种较为常见的转场方式，如图 3-69 所示。

### 11. 球化
球化是指 AB 视频其中之一变为球状在 3D 空间运动，如图 3-70 所示。

### 12. 双页
双页是指两片卷页方式的转场，如图 3-71 所示。

图 3-69　单门效果

图 3-70 球化效果

图 3-71 双页效果

### 3.4.3 Alpha 转场

在"特效"/"转场"/"Alpha"目录下只有一个 Alpha 自定义图像。用户可以载入一张自定义的图片，作为 Alpha 信息控制转场的方式，如图 3-72 所示。Alpha 属于 2D 类效果转场。

在 Alpha Map 选项卡中单击 Alpha Bitmap 的方框按钮即可载入一张位图，如图 3-73 所示。

- 锐度：明暗交界的锐度，换句话说就是图片的对比度。对比度小时，明暗过渡灰度级丰富，则转场效果柔和。
- 加速度：控制明暗过渡速度的变化程度。

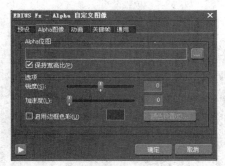

图 3-72 "Alpha 自定义图像"对话框

图 3-73 载入一张位图

单击"确定"按钮，在默认状态下，纯黑部分填充 B 视频（目标视频），纯白部分填充 A 视频（源视频），如图 3-74 所示。

不难看出，Alpha 转场的实质是指 Alpha Bitmap 原本是一张全白的图（只有 A 视频），根据用户指定图片的明暗信息，先将图片中暗色部分叠化出来（B 视频从黑色部分先"露"出来），再将亮色部分叠化为黑色（转场完成）。

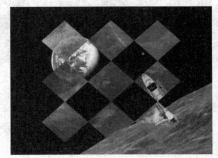

图 3-74 Alpha 转场效果

### 3.4.4 SMPTE 转场组

SMPTE 标准转场的使用甚至比前面介绍的滤镜都要简单——因为它们没有任何设置选项。

**1. 门**

包含 6 个"门"类的效果，如图 3-75 所示。

**2. 增强划像**

增强划像包含 23 个增强划像方式，其实就是各种形状的划像，如图 3-76 所示。

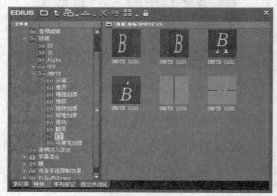

图 3-75 "门"效果

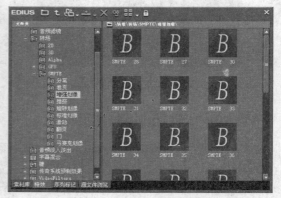

图 3-76 "增强划像"效果

**3. 马赛克划像**

马赛克划像包含 31 个马赛克划像方式，如图 3-77 所示。

**4. 卷页**

卷页包含 15 个不同页数的卷页划像方式，如图 3-78 所示。

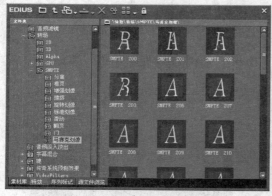

图 3-77 "马赛克划像"效果

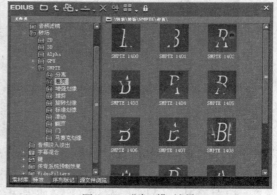

图 3-78 "卷页"效果

**5. 翻页**

翻页包含 15 个不同页数的翻页划像方式。注意"翻页"和"卷页"方式的区别，如图 3-79 所示。

**6. 旋转划像**

旋转划像包含 20 个旋转划像方式，类似上文中的 Clock 时钟转场，如图 3-80 所示。

**7. 滑动**

滑动包含 8 个滑动方式的转场，如图 3-81 所示。

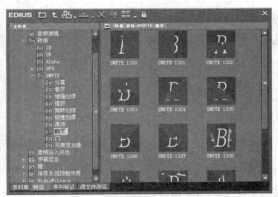

图 3-79　"翻页"效果

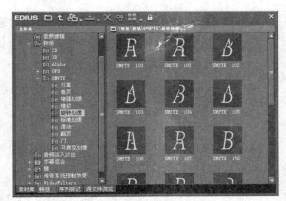

图 3-80　"旋转划像"效果

## 8. 分离

分离包含 3 个分离方式的转场，如图 3-82 所示。

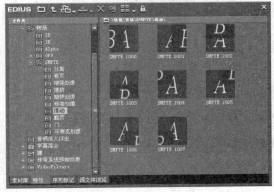

图 3-81　"滑动"效果

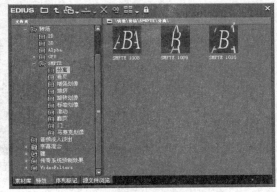

图 3-82　"分离"效果

## 9. 推挤

推挤包含 11 个挤压方式的转场。所谓"推挤"是指 B 视频（目标视频）有形变，如图 3-83 所示。

## 10. 标准划像

标准划像包含 24 个标准划像方式，都是较为常见的 2D 转场，如图 3-84 所示。

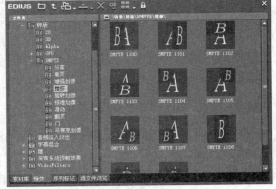

图 3-83　"推挤"效果

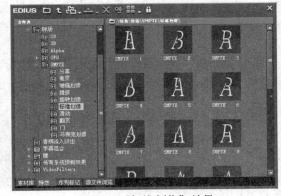

图 3-84　"标准划像"效果

由于 SMPTE 转场组没有可供调节的参数，所以无法去除一个可见的"外框"（在安全区以外），若最终观众将会看到视频的全部区域，应考虑使用其他滤镜组，或者在工程设置中调节过扫描的大小。

## 3.5 音频淡入淡出特效

音频淡入淡出主要被应用于创建时间线上两段音频素材之间的过渡。在"特效"面板的"特效"/"音频淡入淡出"目录下，可以找到 7 种音频淡入淡出方式，如图 3-85 所示。

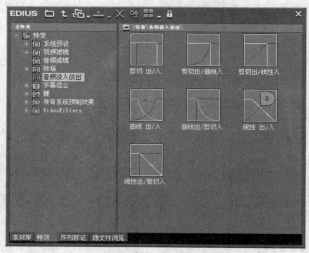

图 3-85 音频淡入淡出方式

- 剪切出/入：两段音频直接混合在一起，效果比较"生硬"。
- 剪切出/曲线入：前一段音频以"硬切"方式结束，后一段音频以曲线方式音量渐起。
- 剪切出/线性入：前一段音频以"硬切"方式结束，后一段音频以线性方式音量渐起。
- 曲线出/剪切入：前一段音频以曲线方式音量渐出，后一段音频以"硬切"方式开始。
- 曲线出/入：两段音频以曲线方式渐入和渐出。效果较为柔和，但是中间部分总体音量会降低。
- 线性出/剪切入：前一段音频以线性方式音量渐出，后一段音频以"硬切"方式开始。
- 线性出/入：两段音频以线性方式渐入和渐出。效果较为柔和，但是中间部分总体音量会降低。

简单地讲音频淡入淡出就是音频的转场，所以它的用法与同轨道普通转场一致，即把选定的音频淡入淡出特效拖拽到两段音频素材的交接处。

**上机实战 音频淡入淡出特效的操作**

*1* 打开光盘中的工程文件，在"特效"面板的"特效"/"音频淡入淡出"目录下将"剪切出/入"拖拽到时间线中，如图 3-86 所示。

*2* 将鼠标靠近时间线中的音频淡入淡出特效，光标的形状会改变，拖拽鼠标以调节其长度，如图 3-87 所示。

图 3-86　使用特效　　　　　　　　　　　　图 3-87　调整特效

## 3.6　键特效

在 EDIUS 中，有一大类滤镜被称作"键特效"，它们有的可以进行抠像，有的可以通过色彩算法将不同的视频轨叠加起来，有的则可以创建画中画特效，它们统一占用轨道的灰色 MIX 区域。在"特效"面板的"特效"/"键"目录下，可以看到两个画中画滤镜和两个键滤镜，如图 3-88 所示。

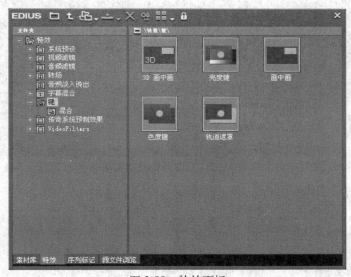

图 3-88　特效面板

与其他滤镜的使用方法一致，只需将选中的键特效滤镜直接拖拽至素材的混合区域，然后通过双击信息面板的滤镜名称即可打开设置面板。

### 3.6.1　3D 画中画

3D 画中画是 EDIUS 中非常重要的滤镜之一，可以制作素材的位移、缩放以及三维空间的运动等，使用频率相当高。

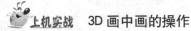　**3D 画中画的操作**

　*1*　打开光盘中的工程文件，如图 3-89 所示。

2 在"特效"面板的"特效"/"键"目录下，将"3D画中画"特效拖拽到时间线中，如图3-90所示。

图 3-89 素材

图 3-90 使用特效

3 双击"信息"面板中的"3D画中画"选项，打开"3D画中画"对话框，调整大小和旋转的参数，如图3-91所示。

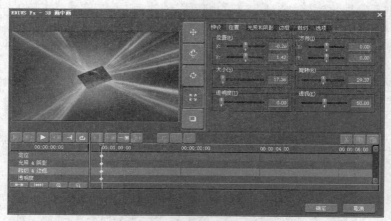

图 3-91 "3D画中画"对话框

4 移动播放指针并调整大小和旋转的参数，如图3-92所示。

图 3-92 设置参数

5 继续移动播放指针并调整大小参数，如图3-93所示。

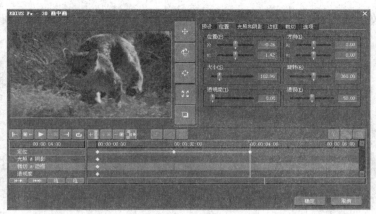

图 3-93　设置参数

*6* 继续移动播放指针并调整大小的参数，如图 3-94 所示。

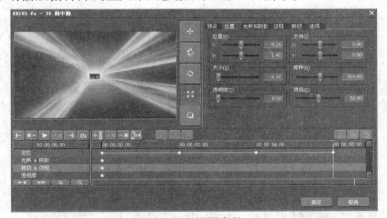

图 3-94　设置参数

*7* 单击"确定"按钮预览效果，如图 3-95 所示。

图 3-95　预览效果

## 3.6.2　色度键

在"特效"面板的"特效"/"键"目录下，可以找到色度键。使用色度键可以通过指定一个特定的色彩进行抠像，对于一些虚拟演播室、虚拟背景的合成非常有用。

上机实战　**色度键的操作**

*1* 打开光盘中的工程文件，如图 3-96 所示。

**2** 在"特效"面板的"特效"/"键"目录下,将"色度键"特效拖拽到时间线中,如图 3-97 所示。

图 3-96 素材

图 3-97 使用特效

**3** 双击"信息"面板中的"色度键"选项,打开"色度键"对话框,选取滴管,并在空白处单击,如图 3-98 所示。

图 3-98 "色度键"对话框

**4** 此时,视频素材效果如图 3-99 所示。单击"确定"按钮关闭"色度键"对话框,预览效果,如图 3-100 所示。

图 3-99 视频素材效果

图 3-100 最终效果

EDIUS 中的色度键可以满足一般后期制作中的常规抠像要求。

### 3.6.3　画中画

3D 画中画可以制作出 3D 空间运动的素材画面，但是在使用上稍显复杂，如果用户仅仅希望得到简单的 2D 画中画效果，可以使用画中画滤镜。

**上机实战　画中画的操作方法**

*1*　打开光盘中的工程文件，如图 3-101 所示。

*2*　在"特效"面板的"特效"/"键"目录下，将"画中画"特效拖拽到时间线中，如图 3-102 所示。

图 3-101　素材

图 3-102　使用特效

*3*　双击"信息"面板中的"画中画"选项，打开"画中画"对话框，调整大小与位置的参数，如图 3-103 所示。

*4*　单击"确定"按钮关闭"画中画"对话框，预览效果如图 3-104 所示。

图 3-103　"画中画"对话框

图 3-104　画中画效果

### 3.6.4　混合模式

在 EDIUS 中，可以使用一些特定的色彩混合算法将两个轨道的视频叠加在一起，这对于某些特效的合成来说非常有效。在"特效"面板的"特效"/"键"/"混合"目录下，包括 19 个混合方式，如图 3-105 所示。如图 3-106、图 3-107 所示为制作混合模式的素材。

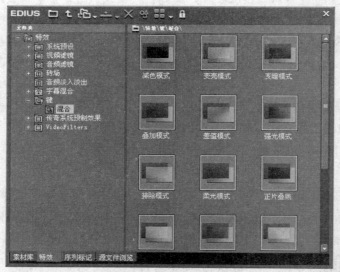

图 3-105　各种混合方式

图 3-106　素材视频 1

图 3-107　素材视频 2

**1. 叠加模式**

以中性灰（RGB＝128，128，128）为中间点，大于中性灰（更亮），则提高背景图亮度，反之则变暗，中性灰不变，如图 3-108 所示。

**2. 滤色模式**

将其应用到一般画面上的主要效果是提高亮度。黑色与任何背景叠加得到原背景，白色与任何背景叠加得到白色，如图 3-109 所示。

图 3-108　叠加模式

图 3-109　滤色模式

### 3. 柔光模式

同样以中性灰为中间点，大于中性灰，则提高背景图亮度，反之则变暗，中性灰不变。只不过无论提亮还是变暗的幅度都比较小，效果柔和，所以称之为"柔光"，如图 3-110 所示。

### 4. 强光模式

根据像素与中性灰的比较进行提亮或变暗，幅度较大，效果强烈，如图 3-111 所示。

图 3-110　柔光模式

图 3-111　强光模式

### 5. 艳光模式

根据像素与中性灰的比较进行提亮或变暗，与强光模式相比效果显得更为强烈和夸张，如图 3-112 所示。

### 6. 点光模式

与柔光、强光等的原理相同，只是效果程度上有差别，如图 3-113 所示。

图 3-112　艳光模式

图 3-113　点光模式

### 7. 线性光模式

与柔光、强光等的原理相同，只是效果程度上有差别，如图 3-114 所示。

### 8. 正片叠底

将其应用到一般画面上的主要效果是降低亮度。白色与任何背景叠加得到原背景，黑色与任何背景叠加得到黑色。与滤色模式正好相反，如图 3-115 所示。

### 9. 相加模式

将上下两像素相加成为混合后的颜色，因而画面变亮的效果非常强烈，如图 3-116 所示。

图 3-114　线性光模式

图 3-115　正片叠底

**10. 差值模式**

将上下两像素相减后取绝对值。常用来创建类似负片的效果，如图 3-117 所示。

图 3-116　相加模式

图 3-117　差值模式

**11. 变亮模式**

将上下两像素进行比较后，取高值成为混合后的颜色，因而总的颜色灰度级升高，造成变亮的效果。用黑色合成图像时无作用，用白色时则仍为白色，如图 3-118 所示。

**12. 变暗模式**

取上下两像素中较低的值成为混合后的颜色，总的颜色灰度级降低，造成变暗的效果。用白色去合成图像时毫无效果，如图 3-119 所示。

图 3-118　变亮模式

图 3-119　变暗模式

**13. 减色模式**

与正片叠底作用类似，但效果更为强烈和夸张，如图 3-120 所示。

14. 减色加深

将其应用到一般画面上的主要效果是加深画面，且根据叠加的像素颜色相应增加底层的对比度，如图 3-121 所示。

图 3-120 减色模式

图 3-121 颜色加深

15. 颜色减淡

与颜色加深效果相反，如图 3-122 所示。

16. 排除模式

差值模式作用类似，但效果比较柔和，产生的对比度比较低，如图 3-123 所示。

图 3-122 颜色减淡

图 3-123 排除模式

混合叠加方式对于特效合成来说是非常有用的，比如某些光效、粒子等由于 Alpha 通道的缘故，直接放在视频上的话，其边缘会发黑。用户可利用混合叠加方式来修正这个问题。

## 3.7 本章小结

本章主要介绍了 EDIUS 中的视频与音频滤镜、转场添加与设置以及键特效等，通过本章的学习，读者能够独立添加滤镜、转场，并掌握视频布局、画中画等技巧，制作基本的视频特效。

## 3.8 本章习题

一、填空题

1. 在 EDIUS 中，对视频或音频使用的特殊效果，称为"＿＿＿＿＿＿＿＿＿"。

2. 特效面板有两种显示方式：＿＿＿＿＿＿＿＿和＿＿＿＿＿＿＿＿。

3. 所有的音视频编辑工作都是在＿＿＿＿＿＿＿＿＿进行的，时间线窗口是后期工作的＿＿＿＿＿＿＿。

二、简答题

1. 什么是时间线序列？

2. 简述时间线的同步模式与波纹模式。

三、上机操作

综合所学知识，上机练习素材的采集编辑与时间线的操作。

# 第4章　EDIUS 高级技术

 内容提要

本章主要介绍 EDIUS 高级技术，丰富视频制作的表现手段。

## 4.1　HQ AVI 特效

HQ AVI 格式是采用 HQ 编码方式的视频，它附带 Alpha 通道信息，可以使用这个特性来进行一些特效的合成工作。

上机实战　**HQ AVI 特效的操作方法**

*1*　制作一个带有通道的 HQ AVI 视频，然后将它用于视频合成，如图 4-1 所示。

*2*　打开工程文件，素材库面板如图 4-2 所示。

图 4-1　带有通道的 HQ AVI 视频

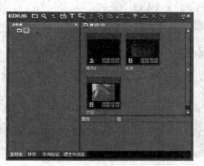

图 4-2　素材库面板

*3*　将太空素材放置到 VA 轨上，如图 4-3 所示，时间线如图 4-4 所示。

图 4-3　放置素材

图 4-4　时间线面板

*4*　选中时间线中的 T 轨道，单击时间线工具栏中的"创建字幕"按钮，在弹出的下拉列表中选择"在 T1 轨道上创建字幕"，弹出 QuickTitler 窗口，如图 4-5 所示。

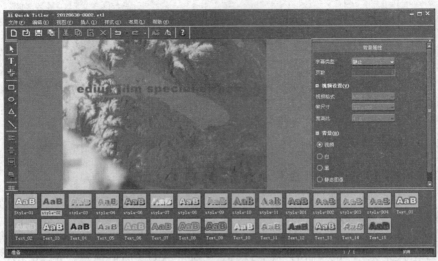

图 4-5  弹出 QuickTitler 窗口

**5**  在 QuickTitler 窗口中输入需要的文字，如"EDIUS film special effects"，用鼠标拖拽文字调整位置，并选择一个合适的样式预设，双击应用到字幕上。

**6**  单击 QuickTitler 窗口的工具栏中的保存按钮，退出 QuickTitler 窗口，返回 EDIUS，如图 4-6 所示。

**7**  在时间线面板中拖拽字幕的两端可以调整其长度，如图 4-7 所示。

图 4-6  返回 EDIUS

图 4-7  调整字幕长度

**8**  在素材库中有一段水波素材视频，如图 4-8 所示。

**9**  在素材库中，在按下 Ctrl 键的同时选中字幕和水波素材，然后单击鼠标右键，在弹出的快捷菜单中选择"转换"／"Alpha 通道遮罩"选项，如图 4-9 所示。

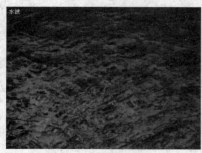

图 4-8  水波素材视频

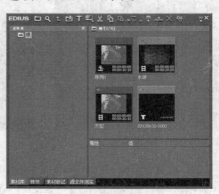

图 4-9  素材库

*10* 在弹出的"另存为"对话框中设置"填充键"中的选项，然后设置文件的路径和文件名，如图 4-10 所示。

*11* 单击"保存"按钮，将弹出如图 4-11 所示的提示框。

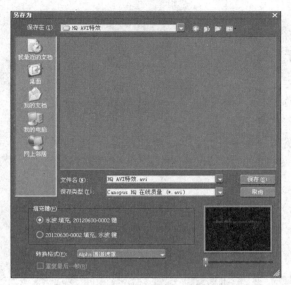

图 4-10  "另存为"对话框

图 4-11  提示框

图 4-12  附带 Alpha 通道信息的 HQ AVI 视频文件

*12* EDIUS 经过渲染后，输出得到附带 Alpha 通道信息的 HQ AVI 视频文件，如图 4-12 所示。

*13* 将生成的 HQ AVI 视频文件拖放到时间线上，如图 4-13 所示，得到 HQ AVI 特效，如图 4-14 所示。

图 4-13  放置视频文件

图 4-14  HQ AVI 特效

## 4.2  校色

校色是视频色彩处理的基本技术，包括一级校色、二级校色。一级校色是指对整个画面色彩的调整，二级校色是指对画面中某一色彩区域的调整。默认状态下所有的校色工具都是对画面的一级校色。

### 4.2.1 一级校色

在后期制作过程中，常常需要对画面进行校色和调色。利用 EDIUS 提供的"示波器"功能可以使色彩调校的工作事半功倍。

 **上机实战** 利用"矢量图/示波器"功能进行一级校色

*1* 打开工程文件，如图 4-15 所示。由于拍摄时没有校正白平衡，仅靠肉眼就能看出它存在严重的偏色问题。

> **TIPS▶** 外景现场影像是在各种不同颜色的光线下拍摄的。人类的眼睛能很快适应各种环境的光线变化，但是对于摄像机等器材来说，实际光线的色调，因场所和时间的不同差异非常大，所以摄像师和制作人员必须加以注意，如图 4-16 所示。

图 4-15　工程文件

图 4-16　不同颜色的光线下拍摄

*2* 单击"视图"/"矢量图"/"示波器"命令，打开"矢量图/示波器"对话框，如图 4-17 所示。从中可以看到色彩偏蓝偏紫，亮度正常。

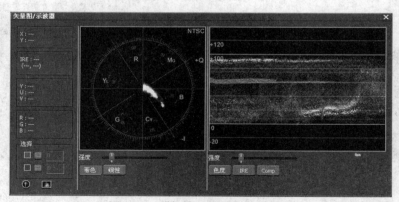

图 4-17　"矢量图/示波器"对话框

*3* 在"特效"面板中，选择"特效"/"视频滤镜"/"色彩校正"/"三路色彩校正"选项，用鼠标拖拽滤镜到素材上。

*4* 在"信息"面板中双击"三路色彩校正"选项，打开滤镜的设置面板，如图 4-18 所示。

*5* 在画面上单击暗部、中间灰和亮部，如图 4-19 所示。

*6* EDIUS 能自动分辨出所单击的画面信息，调整相应的色轮进行校正，校正后的画面效果，如图 4-20 所示。

图 4-18　滤镜设置面板

图 4-19　在画面上单击

图 4-20　校正后的画面效果

7　此时"矢量图/示波器"对话框，如图 4-21 所示。

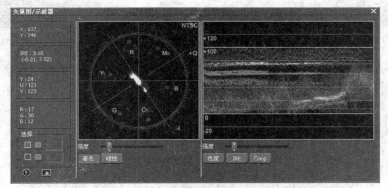

图 4-21　"矢量图/示波器"对话框

## 4.2.2　二级校色

二级校色需要定义出哪一部分色彩需要校色，因此必须创建一个遮罩。由于视频是运动的，可以分别从色度、饱和度和亮度三个特性入手得出一个运动的遮罩。一旦勾选这里的任一选项之后，上方校色区的调整就只对这个遮罩内部的图像起作用，即进行二级校色。

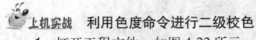 **上机实战 利用色度命令进行二级校色**

*1* 打开工程文件，如图 4-22 所示。

*2* 在"特效"面板中，选择"特效"/"视频滤镜"/"色度"选项，用鼠标拖拽滤镜到素材上。

*3* 在"信息"面板中双击"色度"选项，打开滤镜的设置面板，如图 4-23 所示。

图 4-22 工程文件　　　　　　　　　图 4-23 色度滤镜设置

*4* 保持左上角吸管按钮按下的状态，选中"键显示"复选框，打开"键出色"选项卡，对各个选项进行微调，如图 4-24 所示。

*5* 在面板的预览窗口中选择红色区域，如图 4-25 所示。

图 4-24 选中"键显示"复选框　　　　　　图 4-25 选出需要的区域

*6* 取消选择"键显示"复选框，在"效果"选项卡内可以看到针对选区的相关选项，如图 4-26 所示。其中：

图 4-26 选区的相关选项

- 内部滤镜：可以设置应用到选中区域（白色）的滤镜；
- 边缘滤镜：设置选区边缘的滤镜；
- 外部滤镜：设置选区以外的（黑色）的滤镜。

*7*　在"内部滤镜"下拉列表框中选择"色彩平衡"选项，如图 4-27 所示。

*8*　在弹出的"色彩平衡"对话框进行参数设置，单击"确定"按钮得到二级校色的效果，如图 4-28 所示。

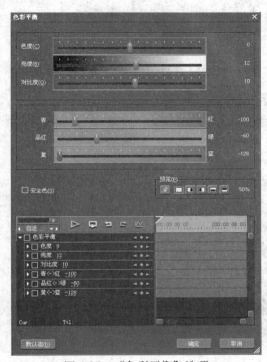

图 4-27　"色彩平衡"选项

图 4-28　二级校色效果

## 4.3　剪辑模式和多机位模式

在 EDIUS 的菜单栏中的"模式"选项下可以找到"剪辑模式"和"多机位模式"。

在 EDIUS 中，大多数工作应该是素材镜头的整理和镜头间的组接，即剪辑工作，所以 EDIUS 提供了专门的剪辑模式。

### 4.3.1　剪辑模式

为了让用户在应用各个裁剪方式时能方便确认前后素材的画面，EDIUS 提供了剪辑模式。一段视音频完整的素材共有 8 个剪切点（入点、出点各 4 个），被选中的剪切点呈现黄色。

**上机实战　剪辑模式的操作方法**

*1*　打开光盘中的工程文件，将播放指针移至 8 秒处，在时间线中的视频素材上单击鼠标右键，在弹出的快捷菜单中选择"添加剪辑点"/"选定轨道"选项，如图 4-29 所示。

图 4-29　工程文件

2　在菜单栏中单击"模式"/"剪辑模式"命令，切换至剪辑模式，如图 4-30 所示。

图 4-30　切换至剪辑模式

3　选择剪辑点，进行拖拽操作，监视窗口将会根据选择的裁剪方式，出现 2 个或 4 个镜头画面，分别显示当前编辑的剪辑点前后画面。如图 4-31 所示。

图 4-31　显示当前编辑的剪辑点前后画面

在调整素材时，应确保波纹模式开关处于关闭状态。如果打开波纹模式，当前素材的裁剪将对其后面素材的位置产生影响。

**4** 使用剪辑模式和裁剪方式来调整素材的入出点作镜头剪辑，其实质就是操作剪辑点。通过选择不同的剪辑点，可实现多种不同的裁剪动作：

- 常规裁剪：改变放置在时间线上素材的入出点，是最常使用的一种裁剪方式。用鼠标激活素材"内侧"的剪辑点进行拖拽即可，如图 4-32 所示。

图 4-32 常规裁剪

- 滚动裁剪：改变相邻素材间的边缘，不改变两段素材的总长度。用鼠标激活素材相接处"内外" 4 个剪辑点进行拖拽，相当于同时调整前一段素材的出点以及后一段素材的入点，如图 4-33 所示。

图 4-33 滚动裁剪

- 滑动裁剪：仅改变选中素材中要使用的部分，不影响素材当前的位置和长度。用鼠标激活素材自身"内侧"的共 4 个剪辑点进行拖拽，相当于在不影响素材位置和长度的情况下，调整放置在时间线上的内容，如图 4-34 所示。

图 4-34 滑动裁剪

- 滑过裁剪：仅改变选中素材的位置，而不改变其长度。用鼠标激活素材自身"外侧"的 4 个剪辑点进行拖拽。相当于移动选中素材的同时，调整前一段素材的出点以及后一段素材的入点，如图 4-35 所示。

图 4-35　滑过裁剪

### 4.3.2　多机位模式

在 EDIUS 中，可以针对特定的视频剪辑进行多角度切换。EDIUS 提供了多机位模式来支持最多达 8 台摄像机素材同时剪辑。

**上机实战　多机位模式的操作方法**

*1*　打开光盘中的工程文件，该工程文件包括 3 个视频素材，如图 4-36 所示。

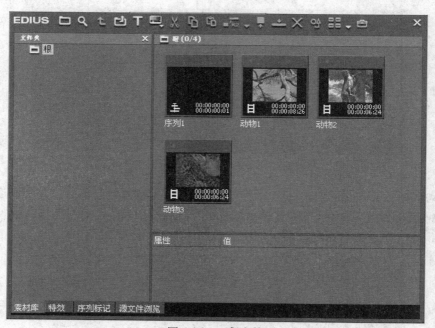

图 4-36　工程文件

*2*　选择菜单"模式"/"多机位模式"选项，或按快捷键 F8 进入多机位模式。

*3*　此时播放窗口划分出多个小窗口，默认状态下，支持 3 台摄像机的素材。其中三个小窗口即是三个机位，大的"主机位"窗口即最后选择的机位。如图 4-37 所示。

*4*　如果需要增加机位，可以选择菜单"模式"/"机位数量"选项，从列表中选取需要的数量，如图 4-38 所示。

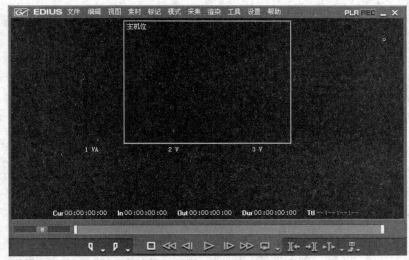

图 4-37　划分出多个小窗口　　　　　　　　　图 4-38　列表

*5*　在素材库中载入 3 个机位拍摄的素材，如图 4-39 所示。

*6*　多机位剪辑的主要特点是准确的时间对齐，在 EDIUS 中被称作"同步点"。选择菜单"模式"/"同步点"选项，EDIUS 提供了 4 种同步方式：时间码、录制时间、素材入点和素材出点，如图 4-40 所示。

图 4-39　载入 3 个机位拍摄的素材　　　　　　　图 4-40　同步方式

*7*　选择"录制时间"选项，轨道面板发生了相应变化，如图 4-41 所示，轨道名称边出现了 c 字样，它代表了机位号，表示将该轨道分配给某一机位的摄像机，该轨道放置的素材将出现在监视窗口的 1 号小窗口。这里将 1VA 轨道分配给 1 号机位。

*8*　单击 c 标记将打开一个列表，可以将轨道自由分配给任一机位，如图 4-42 所示。播放时间线，并直接在监视窗口中双击选择需要的镜头，它们与各个机位是一一对应的。

图 4-41　轨道面板

*9*　在选择镜头的同时，EDIUS 在时间线上自动创建剪辑点标记，各个素材在剪辑点处自动被裁剪，如图 4-43 所示。

图 4-42　将轨道分配给机位

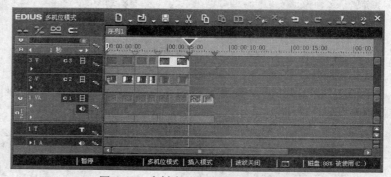

图 4-43　素材在剪辑点处自动被裁剪

　为了工程文件的简洁方便，建议将剪辑完成的多轨道素材合并为一条轨道。

*10* 选择菜单"模式" / "压缩至单个轨道"选项，弹出"压缩选定的素材"对话框，如图 4-44所示。

*11* 在对话框中选择"新建轨道"选项，单击"确定"按钮，所有剪辑后的素材合并到一条轨道。

*12* 剪辑完毕，选择菜单"模式" / "常规"，返回常规模式。

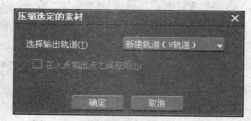

图 4-44　"压缩选定的素材"对话框

## 4.4　声道映射

如果需要进行声道相关操作，或者制作 5.1 声道，可以使用声道映射工具。

### 4.4.1  单声道和立体声的编辑

目前，大多数视频都是单声道或立体声，通常设置两个声道。EDIUS 提供了对左右声道进行操作的方法。

#### 1. 使用音频轨道的 Pan 声相调节线

单击音频轨道的音频控制按键，切换到 Pan（声相控制），如图 4-45 所示。蓝线在中央，即声道平衡；如果移到顶端，即只使用左声道；如果移到底端，即只使用右声道。

#### 2. 使用滤镜

在"特效"面板中，选择"特效"/"音频滤镜"/"音量电位与均衡"选项，用鼠标拖拽滤镜到素材上，如图 4-46 所示。

图 4-45  切换到 Pan

图 4-46  选择"音量电位与均衡"选项

在"信息"面板中双击"音量电位与均衡"选项，打开滤镜的设置面板，如图 4-47 所示。其中：

- 左通道、右通道：调整左右通道，可以进行交换左右声道的操作。
- 左右通道的增益：调整左右声道的输出音量。
- 左右通道的平衡：调节左右声道输出时的声相平衡。

#### 3. 声道映射工具

声道映射工具可以直观地进行音频声道的分离、交换、复制等，最后输出音频的左右声道是以声道映射工具的设置为准。

图 4-47  设置"音量电位与均衡"

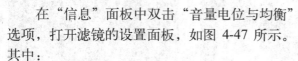

**上机实战  声道映射工具的操作方法**

*1*  用鼠标右键单击时间线面板中的"序列"选项卡，在弹出的快捷菜单中选择"序列设置"选项，弹出"序列设置"对话框，如图 4-48 所示。

*2*  单击"通道映射"按钮，弹出"音频通道映射"对话框，如图 4-49 所示。

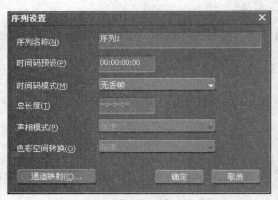

图 4-48 "序列设置"对话框

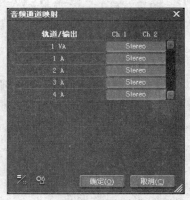

图 4-49 "音频通道映射"对话框

*3* 在"音频通道映射"对话框中单击"更改显示方式"按钮，如图 4-50 所示，对话框中列出了工程中所有带音频的轨道，每个轨道包括 Ch1 和 Ch2，即每个轨道都包括左声道（Ch1）和右声道（Ch2）。

*4* 可以通过勾选来决定原音频与输出音频的映射关系。如图 4-51 所示，将 1A 轨道上的音频左右声道交换输出。如图 4-52 所示，最终输出的左右声道都是 1A 轨道上音频的原有左声道。

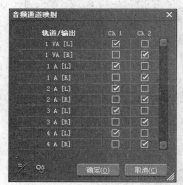

图 4-50 工程中所有带
音频的轨道

图 4-51 设置原音频与输出
音频的映射关系

图 4-52 将音频左右声道
交换输出

## 4.4.2 5.1 声道制作

传统的双声道系统已经逐渐慢慢淡出，目前 5.1 声道音效处理系统是比较完美的影音解决方案。5.1 声道已广泛运用于各类传统影院和家庭影院中，一些比较知名的声音录制压缩格式，譬如杜比 AC-3（Dolby Digital）、DTS 等都是以 5.1 声音系统为技术蓝本的。

**上机实战** **5.1 声道制作的操作方法**

*1* 5.1 声道需要 6 条声道。首先需要创建一个多声道的工程。单击"设置"/"工程设置"命令，打开"工程设置"对话框，如图 4-53 所示。

*2* 单击"更改当前设置"按钮，如图 4-54 所示。

*3* 在"音频预设"下拉列表框中选择"48kHz/8ch"选项，单击"确定"按钮。

图 4-53 "工程设置"对话框

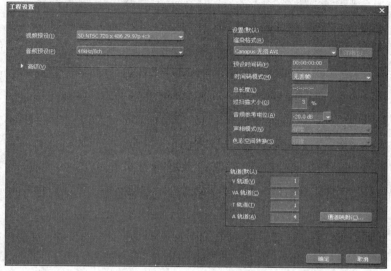

图 4-54 单击"更改当前设置"按钮

**4** 用鼠标右键单击时间线面板中的"序列"选项卡，在弹出的快捷菜单中选择"序列设置"选项，弹出"序列设置"对话框，如图 4-55 所示。

**5** 单击"通道映射"按钮弹出"音频通道映射"对话框。

**6** 在"音频通道映射"对话框中单击"更改显示方式"按钮 并进行设置，如图 4-56 所示。

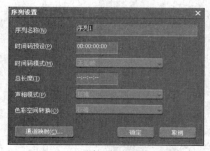

图 4-55 "序列设置"对话框

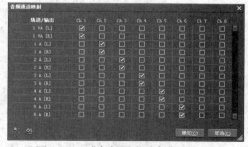

图 4-56 "音频通道映射"对话框

**7** 单击"确定"按钮，关闭"音频通道映射"对话框。

**8** 单击"文件"/"输出"/"输出到文件"命令，打开"输出到文件"对话框，如图 4-57 所示。

图 4-57 "输出到文件"对话框

**9** 选择 Dolby Digital（AC-3）选项，取消选择"以 16bit/2 声道输出"复选框，选择"开启转换"复选框。

**10** 打开"高级"选项，在"音频通道"下拉列表框中选择"6ch"选项，单击"输出"按钮，弹出"Dolby Digital（AC-3）"对话框，如图 4-58 所示。

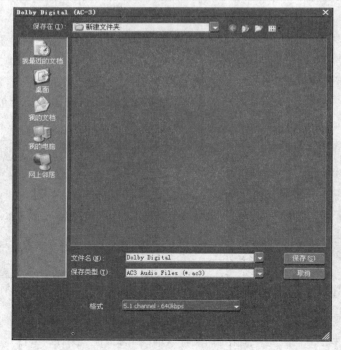

图 4-58 "Dolby Digital（AC-3）"对话框

*11* 单击"保存"按钮，完成 5.1 声道的制作。

 EDIUS 在最终输出时：

单声道：Ch1=C——中央声道；

立体声：Ch1=LF——左声道；Ch2=RF——右声道；

5.1 声道：Ch1=LF——前置左声道；Ch2=RF——前置右声道；Ch3=C——中置声道；

Ch4=LFE——低音声道；Ch6=LS——环绕左声道；Ch6=RS——环绕右声道。

## 4.5　本章小结

　　本章主要介绍了 EDIUS 视频编辑的高级技术，包括 HQ AVI 特效、一级与二级校色、素材的剪辑模式与多机位模式、单声道和立体声的设置，以及 5.1 声道的制作技巧，通过本章的学习，读者可掌握更为先进的视频处理技能。

## 4.6　本章习题

一、填空题

1. 校色是视频色彩处理的基本技术，包括：＿＿＿＿＿＿＿、＿＿＿＿＿＿＿。

2. 一级校色是指对＿＿＿＿＿＿＿的调整，二级校色是指对画面中＿＿＿＿＿＿＿的调整。

3. 目前，大多数视频都是＿＿＿＿＿＿＿或＿＿＿＿＿＿＿，通常设置两个声道。

二、简答题

1. EDIUS 高级技术有哪些？

2. 什么是校色？

三、上机操作

综合所学知识，上机利用"矢量图/示波器"功能对图像进行一级校色。

# 第5章　第三方插件

 内容提要

灵活运用 EDIUS 自带的滤镜可以制作出相当出色的效果。除此以外，EDIUS 还有许多第三方插件可供使用。

## 5.1　Adorage 转场插件

proDAD Adorage 提供了 9 个效果库，共超过一万种特效预设，包括粒子特效、光效、火焰和爆炸、画中画等。proDAD Adorage 既可以作为独立运行版本来使用，也可以作为一个插件在 EDIUS 中使用。

在"特效"面板中，选择"特效"/"转场"/"proDAD"/"Adorage"插件，如图 5-1 所示。

图 5-1　proDAD Adorage 插件

上机实战　**Adorage 转场插件的操作方法**

1　打开工程文件，该工程文件包括两段视频素材，如图 5-2 所示。

图 5-2　工程文件

*2*　Adorage 的使用方法与 EDIUS 内置的转场一样，使用鼠标直接拖拽到素材的混合区域中即可，如图 5-3 所示。

图 5-3　用鼠标拖拽到素材的混合区域上

*3*　打开信息面板，如图 5-4 所示。

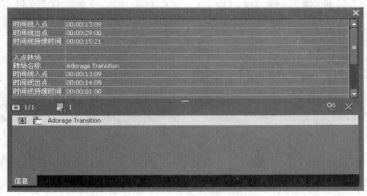

图 5-4　信息面板

*4*　双击 Adorage 选项，打开 Adorage 设置面板。Adorage 的使用方法非常直观，其面板左侧为特效预设列表，打开折叠的卷展栏，从中选择相应的特效，观察预览窗口，如图 5-5 所示。

图 5-5　观察特效

**5** 单击 OK 按钮完成设置，得到的转场效果如图 5-6 所示。

利用 Adorage 设置面板下半区域的特效设置流程图，还可以对特效进行修改与定制，其中：

- VideoA/B（视频源）选项卡：如果使用的是独立运行版本，可以在这里载入需要的视频源，如果作为 EDIUS 插件就不用设置了，直接使用 EDIUS 轨道上的素材即可。
- Mixer（混合区）选项卡：对转场初步的调整，如图 5-7 所示。它可以使用一个黑白遮罩图来指定转场的方式，还可以设置转场的边缘。

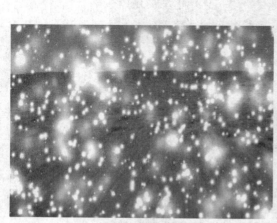

图 5-6　转场效果

图 5-7　Mixer（混合区）选项卡

- Smoke（边缘拖尾效果）选项卡：如图 5-8 所示。Adorage 根据转场边缘的像素产生粒子，如果调整到较高强度，转场边缘将产生运动残影效果。
- Overlay（重叠显示）选项卡：如图 5-9 所示。指定的黑白图是转场方式，两段素材根据图的黑白信息相互渐变，而这里指定的是实际看得到的转场图片，比如粒子、心、花环等会叠加在转场上的图片。

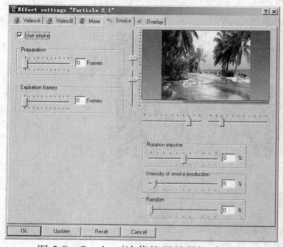

图 5-8　Smoke（边缘拖尾效果）选项卡

图 5-9　Overlay（重叠显示）选项卡

## 5.2　Vitascene 特效转场插件

proDAD Vitascene 是一款高质量的特效转场工具，可以作为独立运行版本或者 EDIUS 等后期软件的插件使用。

在"特效"面板中，选择"特效"/"转场"/"proDAD"/"Vitascene"插件，如图 5-10 所示。

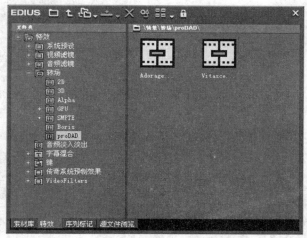

图 5-10　proDAD Vitascene 插件

### 上机实战　proDAD Vitascene 插件的操作方法

*1*　打开工程文件，该工程文件包括两段视频素材，如图 5-11 所示。

图 5-11　工程文件

*2*　在"特效"面板中，选择"特效"/"转场"/ proDAD / Vitascene 选项，用鼠标拖拽滤镜到素材上，如图 5-12 所示。

图 5-12　用鼠标拖拽到素材的混合区域上

3 打开信息面板，双击 Vitascene 选项打开 Vitascene 窗口，在 Presets 下拉列表框中有大量特效与转场预设，分别位于 Filter Group #1（特效）和 Transition Group #1（转场）中，如图 5-13 所示。

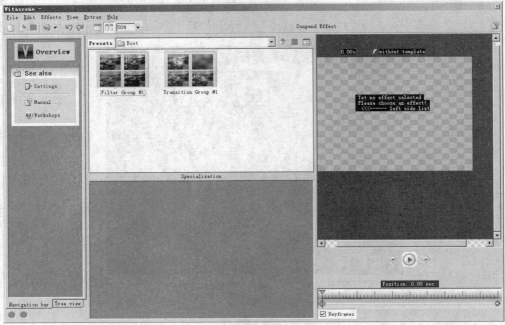

图 5-13 使用特效

4 单击 Transition Group #1 选项，打开预设转场分类列表，如图 5-14 所示。

图 5-14 设置特效

5　单击其中的 Shape Wipes 选项，打开预设转场列表，如图 5-15 所示。

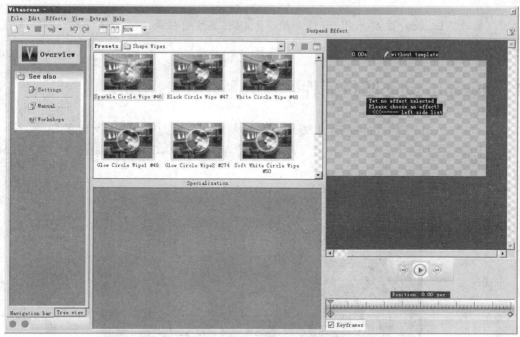

图 5-15　打开预设转场列表

6　双击其中的 Glow Circle Wipe1 #49 选项，然后调整参数并观察预览窗口，如图 5-16 所示。

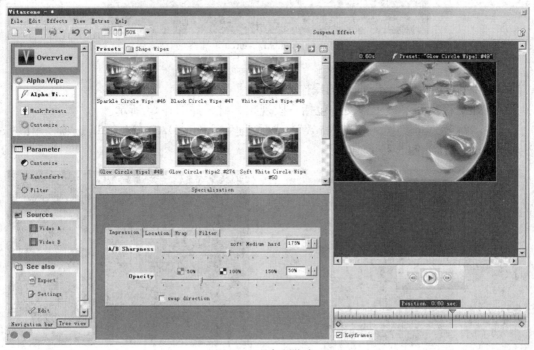

图 5-16　观察预览窗口

**7** 单击工具栏中的 ⬚ 按钮，将特效应用到素材上并返回 EDIUS。

> 由于 Vitascene 主要采用 GPU 加速，所以对显卡有较高要求，需要至少 1G 显存。

## 5.3 Mercalli 动态防抖插件

proDAD Mercalli 动态防抖插件主要用于解决视频素材镜头不稳定、晃动的问题。

在 "特效" 面板中，选择 "特效" / "视频滤镜" /proDAD/Mercalli 插件，如图 5-17 所示。

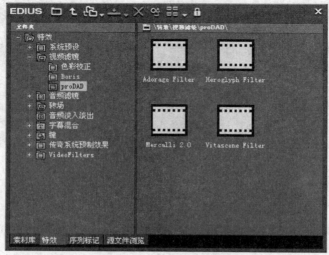

图 5-17　proDAD Mercalli 插件

**上机实战** **proDAD Mercalli 插件的操作方法**

**1** 打开工程文件，该工程文件包括一段视频素材，如图 5-18 所示。

**2** 在 "特效" 面板中，选择 "特效" / "视频滤镜" / proDAD / Mercalli 选项，用鼠标拖拽滤镜到素材上，如图 5-19 所示。

图 5-18　工程文件

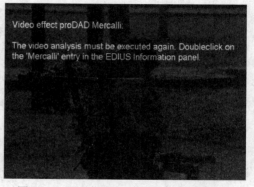

图 5-19　用鼠标拖拽到时间线中的素材上

*3*　打开信息面板，双击 Mercalli 选项，打开 Mercalli 窗口，如图 5-20 所示。针对不同的拍摄条件，proDAD Mercalli 提供了不同的解决办法，其中：

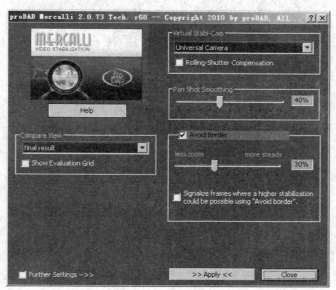

图 5-20　Mercalli 窗口

- Virtual Stabi-Cam（虚拟稳定摄像机）下拉列表框：包括滑行摄像机、普通摄像机和摇晃-稳定摄像机三个选项。
  - ➤ Glide Camera（滑行摄像机）选项：主要针对快速平移的拍摄所产生的晃动问题。
  - ➤ Universal Camera（普通摄像机）选项：主要针对数码相机、小型摄影机或手机所拍摄的视频的晃动问题。同时，选择 Rolling-Shutter Compensation（快门-旋转补偿）复选框。
  - ➤ Rock-Steady Camera（摇晃-稳定摄像机）选项：主要针对手持摄像机所拍摄视频的晃动问题。
- Pan Shot Smoothing（镜头晃动平滑）滑块：该滑块主要针对慢速平移拍摄的视频，使得视频更加专业与稳定。
- Avoid Border（消除锯齿）复选框：可以让画面拥有清楚的边缘。

## 5.4　BIAS SoundSoap 噪音消除插件

BIAS 公司推出的 SoundSoap 是一个噪声消除软件，可将数字音频文件中的电子杂声、背景噪声等加以消除，从而得到专业品质的音频。

BIAS SoundSoap 对消除 4 种噪音非常有效，即宽波段噪音（broadband noise），如磁带嘶嘶声、空调噪音等；单频噪音（hum），如某些音频设备由于内部电子回路不完善造成的噪音；低频噪音（rumble），如摩托的隆隆声、背景嘈杂声；瞬间爆音和持续杂音（click and crackle），如瞬间的高频噪音和持续的烧灼声。

在"特效"面板中，选择"特效"/"视频滤镜"/"特效"/BIAS SoundSoap 插件，如图 5-21 所示。

图 5-21　BIAS SoundSoap 插件

**上机实战　BIAS SoundSoap 插件的操作方法**

　　*1*　打开工程文件，该工程文件包括一段音频素材，如图 5-22 所示。

　　*2*　在"特效"面板中，选择"特效" /"视频滤镜" / "特效" /BIAS SoundSoap 选项，用鼠标拖拽到时间线中的素材上。

　　*3*　打开信息面板，双击 BIAS SoundSoap VST 选项打开 BIAS SoundSoap VST 窗口，如图 5-23 所示。其中：

图 5-22　工程文件

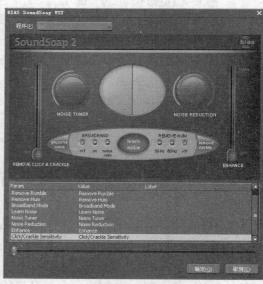

图 5-23　BIAS SoundSoap VST 窗口

- 中间的圆形窗口：红色代表噪音，蓝色代表非噪音，左侧为 SoundSoap 过滤前，右侧为实际输出。
- Learn noise 按钮：分析整个音频的噪音，并自动调整 Noise tuner 和 Noise reduction 旋钮。Learn noise 按钮通常是进行初级调整的办法。
- Noise tuner 旋钮：定义需要的声音和不需要的噪音，可以看作是噪音阈值。

- Noise reduction 旋钮：噪音消除的比率。100%即消除所有定义的噪音（红色方格）。
- Remove click&crackle 滑块：消除瞬间爆音和持续杂音的强度。
- Enhance 滑块：补充一些高频，对修正某些旧音频有效。
- Preserve voice 按钮：去除人类声音频率以外的声音。
- Remove rumble 按钮：去除 40Hz 以下的噪音。
- Broadband：去除宽波段噪音的开关，还可以单独监听去除的噪声。
- Remove hum：去除设备的单频噪音，以地区为划分，北/南美用 60Hz，亚洲、欧洲、非洲和澳大利亚用 60Hz。

## 5.5 Boris RED 视频特效插件

Boris RED 无疑是最强大的 EDIUS 特效插件，它包括 3D 合成、字幕、特效等。

Boris RED 的插件包括 Boris RED 5 FL 和 Boris RED 5 TR 两个部分，它们分别位于"特效"面板的"视频滤镜"/Boris 选项中以及"转场"/Boris 选项中，如图 5-24、图 5-25 所示。

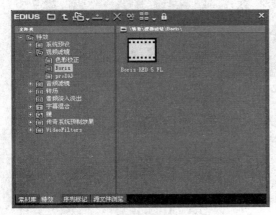

图 5-24 Boris RED 插件 Boris RED 5 FL

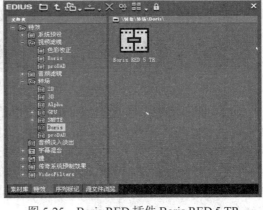

图 5-25 Boris RED 插件 Boris RED 5 TR

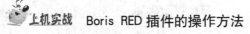 **上机实战** **Boris RED 插件的操作方法**

*1* 打开工程文件，该工程文件包括一段视频素材，如图 5-26 所示。

*2* 在"特效"面板中，选择"特效"/"视频滤镜"/ Boris / Boris RED 5 FL 选项，用鼠标拖拽滤镜到素材上。

*3* 打开"信息"面板，双击 Boris RED 5 FL 选项，打开 Boris RED 5 FL 窗口，如图 5-27 所示。

*4* Boris RED 5 FL 窗口界面的下半部显著位置就是时间线，Video 1 表示视频轨，其

图 5-26 工程文件

中，▦表示轨道视频的形状，▦可显示或隐藏轨道，▦可应用或取消滤镜，▦可为单个轨道新建预览窗口，▦可打开或关闭运动模糊，▦可锁定或解锁轨道。

图 5-27　Boris RED 5 FL 窗口

5　Boris RED 5 FL 窗口界面的左上部是参数控制面板，包括位置、轴心点、摄像机、动态模糊等参数设置。

6　对任何参数进行调节，在时间线上都会记录下关键帧，在界面的右下部，可对关键帧进行操作。

7　用鼠标右键单击视频轨上的素材，在弹出的快捷菜单的 New Filter 中，有大量的滤镜可供选用，如图 5-28 所示。

8　设置完成后，单击界面右下角的 Apply 按钮，即可返回 EDIUS。

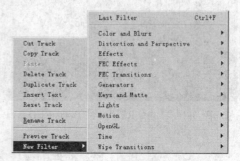

图 5-28　菜单中的滤镜

## 5.6　Imaginate 静态图像艺术插件

使用 Imaginate 可以把静态图像转化成视频影片，进行摇镜头、变焦、缩放等操作，实现静态图像的艺术处理，创建照片蒙太奇的效果。

Imaginate 是独立运行的软件，如图 5-29 所示。但是 Imaginate 的工程文件可直接导入到 EDIUS，所以，仍然可以将它作为 EDIUS 插件。

图 5-29　Imaginate 插件

**上机实战**　Imaginate 插件的操作方法

*1*　单击"开始"/"所有程序"/"Canopus"/"Imaginate"/"Imaginate"命令,启动 Imaginate 软件,如图 5-30 所示。

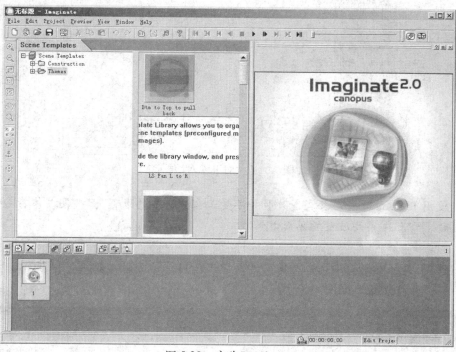

图 5-30　启动 Imaginate

*2*　单击"File"/"New Project Wizard"命令,打开新建项目向导。如图 5-31 所示。

*3*　单击 Next 按钮,如图 5-32 所示。

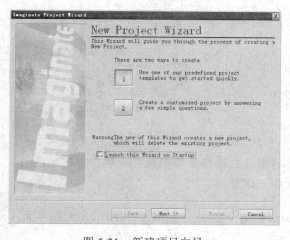

图 5-31　新建项目向导

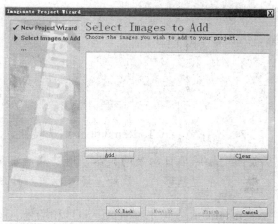

图 5-32　单击 Next 按钮

*4*　单击 Add 按钮,弹出"打开"对话框,如图 5-33 所示。

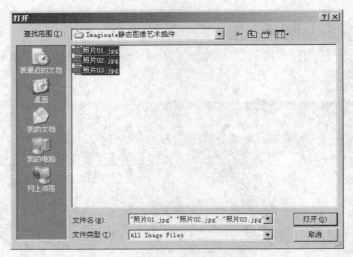

图 5-33 "打开"对话框

 使用 Imaginate 处理静态图片时并不受工程分辨率的限制,只要图片本身分辨率允许,即可得到高质量的画面效果。

**5** 在"打开"对话框中选择图像文件,单击"打开"按钮,如图 5-34 所示。

**6** 单击 Next 按钮,如图 5-35 所示。

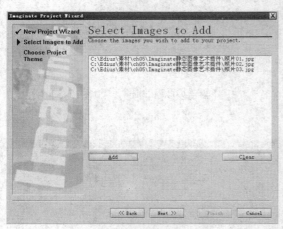

图 5-34 单击"打开"按钮

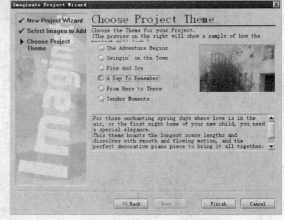

图 5-35 单击 Next 按钮

**7** 选择 A Day To Remember 单选按钮,单击 Finish 按钮完成视频的制作。

 按照项目向导的提示,通过载入需要的图片、选择风格模版等步骤,即可完成整个视频影片。此外,还可以自行修改各个环节。

Imaginate 分为工程(project)和场景(scene)两个部分,如图 5-36 所示为工程界面。在工程界面的左侧,提供了大量的动画预设,可以直接拖拽到每个画面上。

在工程界面中,可以调整整个影片的相关参数,如画面各自的时间、画面间过渡的时间等等。所有的画面按出现顺序组成的一张图表,叫做故事板,如图 5-37 所示。

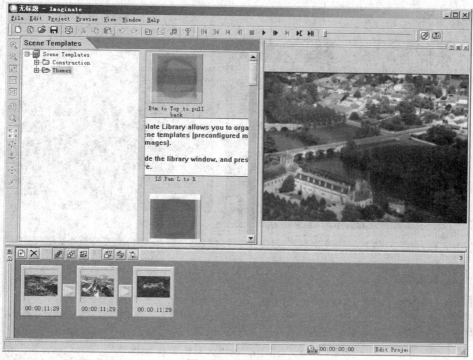

图 5-36　工程界面

　　故事板中的方块░表示过渡，在 Imaginate
中，所有画面之间只能进行渐变过渡。用鼠标右
键单击方块░，可以改变渐变的时间长度，如图
5-38 所示。
　　用鼠标右键单击画面，可以修改画面的时间
长度，如图 5-39 所示。
　　故事板中的每个画面都被称为一个场景。双击小画面即进入对场景的编辑，如图 5-40
所示。

图 5-37　故事板

图 5-38　改变渐变的时间长度

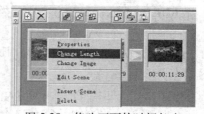

图 5-39　修改画面的时间长度

　　单击 View/Edit Scene 命令，可以切换到场景界面。在场景界面中，可以调整图片
的位置、大小、轴心点等属性，左侧预览窗是原图片，右侧是实际效果窗口。滑
动时间线指针到相应位置，改动参数，Imaginate 自动记录关键帧。
　　将每个画面（场景）都修改完成后，可以保存项目文件。单击 File/render 命令，
可输出视频文件。

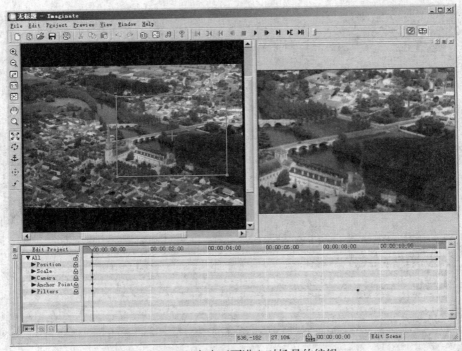

图 5-40　双击小画面进入对场景的编辑

## 5.7　本章小结

本章主要介绍了多个具有代表性的 EDIUS 第三方插件，并简要介绍了第三方插件的使用方法。通过本章的学习，读者能够熟练使用第三方插件，并应用到视频制作中。

## 5.8　本章习题

一、填空题

1．proDAD Adorage 提供 9 个效果库，共超过一万种特效预设，包括_____、_____、_____和_____、_____等等。

2．proDAD Vitascene 是一款高质量的_____工具，可以作为独立运行版本或者 EDIUS 等后期软件的_____使用。

3．BIAS 公司推出的 SoundSoap 是一个_____软件，可将数字音频文件中的_____、_____等加以消除，从而得到专业品质的音频。

二、简答题

1．Boris RED 插件是什么类型的插件？

2．Imaginate 插件起什么作用？

三、上机操作

综合所学知识，上机练习使用各种插件。

# 第 6 章　字幕制作

 **内容提要**

　　除了剪辑和特效以外，字幕对一部完整的视频作品来说也是至关重要的。对于某些形式的影像来说，字幕则担当着相当重要的角色。

　　EDIUS 提供了两种字幕解决方案，即 QuickTitler 和 TitleMotion Pro。

　　其中，QuickTitler 正如其名，可以制作一些较简单的字幕效果，方便而快捷。TitleMotion Pro 相对比较专业，可以设计出相当精彩的文字，甚至带 3D 效果的标题动画。灵活使用 TitleMotion Pro 和 QuickTitler 可以完成绝大部分的字幕和图形制作工作。

　　除此以外，还可以通过安装外部插件的形式来进一步扩展 EDIUS 的字幕制作能力。总之，EDIUS 具备了相当强大的字幕图形功能。

　　为了方便起见，需要为 EDIUS 设置默认字幕工具。操作方法是：单击"设置"/"用户设置"命令，打开"用户设置"对话框，在"默认字幕工具"下拉列表框中选择相应的选项，即可设置默认字幕工具，如图 6-1 所示。

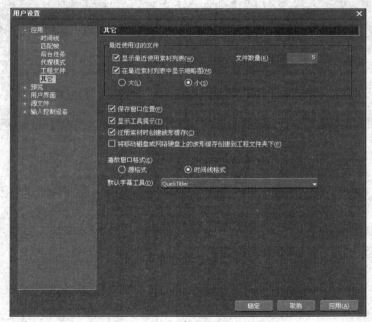

图 6-1　"用户设置"对话框

## 6.1　QuickTitler

Quick Titler 是 EDIUS 中内置的一个字幕制作工具，其功能强大，不但可以制作静态字幕，还可以制作动画或三维效果的字幕。

## 6.1.1 QuickTitler 界面介绍

首先，将 Quick Titler 设为 EDIUS 默认的首选字幕工具。

在 EDIUS 时间线中选择 T1 轨道，将播放指针放在需要添加字幕的位置，在时间线工具栏上单击"创建字幕"按钮 **T**，在弹出的下拉列表中，选择"在 T1 轨道上创建字幕"，弹出 QuickTitler 窗口，如图 6-2 所示。其中：

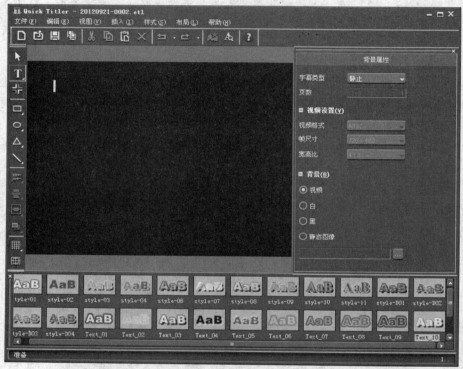

图 6-2 QuickTitler 窗口

- 菜单栏：绝大多数的功能都可以在菜单栏中找到。如文件、编辑等。
- 工具栏：提供了文件操作的快捷方式，如新建、打开、保存等。其中：
  - ➢ 新样式：可将设置的字幕效果保存下来作为样式，以后可以方便地随时调用。
  - ➢ 预览：在制作过程中，Quick Titler 采取低质量的字体显示效果，利用预览命令可看到高质量显示的字幕效果。
- 工具箱：提供了一系列可创建的对象，如文本、图像、图形等。
- 工作窗口：创建、编辑字幕和图形对象。
- 样式栏：提供了各种预设的样式。除了自带的以外，还可以添加自定义样式。
- 属性栏：设置对象的各种属性。根据当前选择的对象不同，会有相应的内容变化。

## 6.1.2 QuickTitler 字幕制作

### 1. 制作简单的字幕

下面制作简单的字幕，效果如图 6-3 所示。

上机实战  **制作简单字幕**

*1*  打开工程文件，该工程文件包含一段视频素材，如图 6-4 所示。

图 6-3  字幕效果

图 6-4  工程文件

*2*  在时间线工具栏上单击"创建字幕"按钮 **T** ，在弹出的下拉列表中，选择"在 T1 轨道上创建字幕"，弹出 QuickTitler 窗口，如图 6-5 所示。

图 6-5  QuickTitler 窗口

> **TIPS**  由于没有选择任何对象，在属性栏中显示的是"背景属性"。视频选项区呈灰色状态，这是因为字幕大小由当前工程确定。需要注意的是，背景选项区中的选项只决定在 Quick Titler 中显示的背景，并不会影响输出。

*3*  在工作窗口中输入文字"Welcome to EDIUS"，如图 6-6 所示。

*4*  将鼠标指针移至文字框的范围内，可以随意拖动文字到任意位置，如图 6-7 所示；将鼠标指针移至文字框的中央，可以设置文字的中心点，如图 6-8 所示；将鼠标指针移至文字框的边角上，拖曳顶点，可以缩放文字，如图 6-9 所示，同时按住 Shift 键可进行等比缩放，按住 Ctrl 键则文字以中心点为轴心进行旋转，如图 6-10 所示。

图 6-6　输入文字

图 6-7　随意拖动文字到任意位置

图 6-8　设置文字的中心点

图 6-9　缩放文字

图 6-10　以中心点为轴心进行旋转

**5** 在属性栏中可以调节文本的字体、字号、填充颜色、边缘等等，如图 6-11 所示。

**6** 确保文本处于选中状态，双击样式栏中合适的样式，如 Text_09，如图 6-12 所示。

图 6-11　属性栏

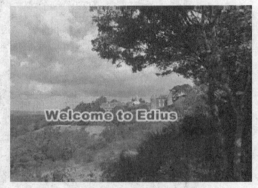

图 6-12　使用文字样式

**7** 单击工具栏中的"保存"按钮，关闭 QuickTitler 窗口。

**8** 在 EDIUS 时间线中新建一个 T 轨道，如图 6-13 所示。

**9** 在时间线工具栏上单击"创建字幕"按钮，在弹出下拉列表中选择"在 T1 轨道上创建字幕"，弹出 QuickTitler 窗口。

**10** 在工具箱中选择"图像"工具，然后在工作窗口中拖拽出一个范围框，如图 6-14 所示。

图 6-13　新建 T 轨道

图 6-14　拖拽出一个范围框

*11* 在样式栏中双击 Style_L01 并进行调整，如图 6-15 所示。

*12* 单击工具栏中的"保存"按钮📄，关闭 QuickTitler 窗口。

*13* 在时间线中调整字幕轨道，如图 6-16 所示。

图 6-15　进行调整　　　　　　　　　　　图 6-16　调整字幕轨道

*14* 完成字幕制作，按空格键播放，效果如图 6-17 所示。

2．制作运动的字幕

在 QuickTitler 中，不选择任何对象，打开属性栏的"字幕类型"下拉列表框，如图 6-18 所示，包括静止、滚动、爬动等多种字幕运动方式。其中滚动指的是垂直方向的运动，爬动指的是水平向的运动。

以爬动为例，当字幕内容超出一个屏幕时，QuickTitler 会自动以虚线分割多个屏幕显示，如图 6-19 所示。

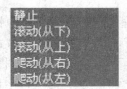

图 6-17　完成字幕制作　　　　图 6-18　字幕运动方式　　　　图 6-19　自动以虚线分割
多个屏幕显示

# 6.2　TitleMotion Pro

虽然 QuickTitler 操作方便、效果出色，但是无法实现复杂的运动以及 3D 效果。本节介绍功能更为强大的字幕工具 TitleMotion Pro。

TitleMotion Pro 可以创建各式各样的 3D 字幕效果，同时还预置了众多精美的图文模板和特效可供用户使用。

## 6.2.1　TitleMotion Pro 界面介绍

将 TitleMotion Pro 设为 EDIUS 默认的首选字幕工具。

在 EDIUS 时间线中选择 T1 轨道，将播放指针放在需要添加字幕的位置，在时间线工具栏上单击"创建字幕"按钮 **T.**，在弹出的下拉列表中，选择"在 T1 轨道上创建字幕"，弹出 TitleMotion Pro 窗口。TitleMotion Pro 的界面比较复杂，因为它的界面会随着模块的变化而变化。TitleMotion Pro 包含字幕制作模块、FX 动画特效模块和合成图标模块。默认的模块是字幕制作模块，如图 6-20 所示。其中：

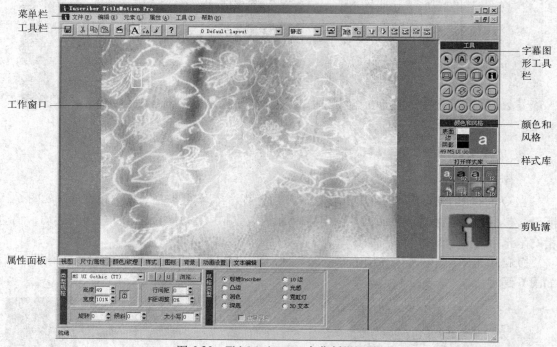

图 6-20　TitleMotion Pro 字幕制作模块

- 菜单栏：其绝大多数的功能都可以在菜单栏中找到。如文件、编辑等。
- 工具栏：提供了文件操作、模块转换的快捷方式。其中：
  - ➢ "模板"下拉列表框 `0 Default layout`：提供了一百多种精美的图文混排模板。
  - ➢ "标题类型"下拉列表框 `静态`：可进行字幕的运动状态切换。
  - ➢ ：对字幕的叠加位置次序进行管理。
- 工作窗口：创建、编辑字幕和图形对象。
- 属性栏：对字幕和图形的属性进行设置。
- 字幕图形工具栏：各种字幕种类，如路径字幕；各种图形种类，包括矩形、自由曲线等。
- 颜色和风格：字幕颜色和风格的相关信息。
- 样式库：提供了内置的样式。
- 剪贴簿：可以将当前使用的样式、纹理、文字等储存进缓存区，作为自定义模板。

利用工具栏上的按钮可在三个模块之间进行切换，如图 6-21 所示。FX 动画特效模块的界面，如图 6-22 所示。合成图标模块的界面，如图 6-23 所示。由于 FX 动画特效模块、合成图标模块的界面与字幕制作模块类似，这里不再赘述。

图 6-21　模块切换按钮

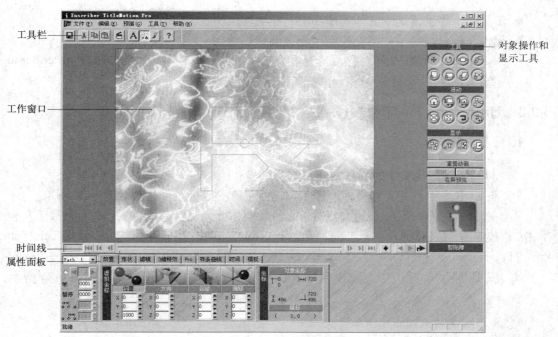

工具栏

工作窗口

时间线
属性面板

图 6-22 FX 动画特效模块

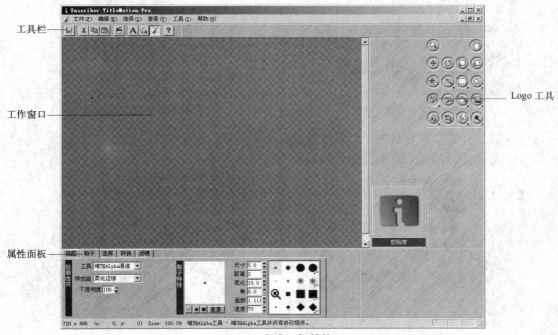

工具栏

工作窗口

属性面板

Logo 工具

图 6-23 合成图标模块

- 工具栏：提供常规的文件管理功能、模块转换功能。
- 时间线：用于播放动画，可以看到对象的关键帧位置。
- 属性面板：可以为对象的各个属性设置动画，如位置、大小、轴向模糊、文字特效等等，这里还提供了时间线可供用户调节关键帧以及众多预置效果模板。
- 对象操作和显示工具：提供了针对对象的操作工具和显示选项。

- 工具栏：提供常规的文件管理功能、模块转换功能。
- 属性面板：提供了如笔刷控制、滤镜调整等功能。
- Logo 工具：对象的操作、区域选择和众多 Alpha 工具。实际上，其特有的 inscriber logo 文件（*.lgo）就是一个带 Alpha 信息的图像文件。

### 6.2.2 TitleMotion Pro 字幕制作

**1. 路径文字**

**上机实战　路径文字的制作方法**

*1*　在 EDIUS 中打开工程文件，该工程文件包含一段视频素材，如图 6-24 所示。

*2*　在时间线中选择 T1 轨道，将播放指针放在需要添加字幕的位置，在时间线工具栏上单击"创建字幕"按钮 ，在弹出下拉列表中选择"在 T1 轨道上创建字幕"，弹出 TitleMotion Pro 窗口。

*3*　在 TitleMotion Pro 中，选择字幕图形工具栏中的文本路径工具 ，如图 6-25 所示。

图 6-24　工程文件　　　　　　　　　　　图 6-25　选择文本路径工具

*4*　在工作窗口中拖拽出一个范围并输入文本内容，如图 6-26 所示。

*5*　拖动曲线的锚点可调整曲线的形状，如图 6-27 所示。

图 6-26　输入文本内容　　　　　　　　　　图 6-27　调整曲线的形状

**2. 3D 字幕**

**上机实战　3D 字幕的制作方法**

*1*　在 EDIUS 中打开工程文件，该工程文件包含一段视频素材，如图 6-28 所示。

*2*　在时间线中选择 T1 轨道，将播放指针放在需要添加字幕的位置，在时间线工具栏上单击"创建字幕"按钮 **T.**，在弹出下拉列表中，选择"在 T1 轨道上创建字幕"，弹出 TitleMotion Pro 窗口。

*3*　在 TitleMotion Pro 中，选择字幕图形工具栏中的文本路径工具 Ⓐ。

*4*　在工作窗口中拖拽出一个范围并输入文本内容，如图 6-29 所示。

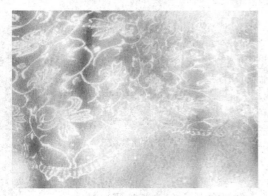

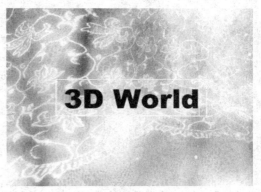

图 6-28　工程文件　　　　　　　　　　　　图 6-29　输入文本内容

*5*　在属性栏的"尺寸/属性"选项卡中，将字体设置为 Arial Black，将"风格类型"设置为"3D 文本"，如图 6-30 所示。

*6*　3D 文字效果如图 6-31 所示。

图 6-30　设置文本　　　　　　　　　　　　图 6-31　3D 字幕效果

*7*　在属性栏的"颜色/纹理"选项卡中，可对 3D 字幕的表面效果进行设置，如图 6-32 所示。其中：

图 6-32　"颜色/纹理"选项卡

- "倒角"下拉列表框：其中提供了 3 种倒角方式，分别是 Flat（平倒角）、Concave（凹面倒角）和 Rounded（圆倒角）。
- 倒角大小：设置倒角边的大小。
- 拉伸：设置字体的厚度。
- 透明：设置整个字体的透明度。
- 光效：设置光照在字体表面的效果，从而体现出强烈的 3D 感。

- "色彩"选项区：可以分表面、倾角和面三个部分设置颜色。在选项区的右边是色彩值和采色器，色彩值可以有 HLS、HSV 和 RGB 等三种表示方式。
- "光线强度"选项区：可以设置光的强度和位置。阴影色可以提高字体的亮度。

8 对各项参数进行调整并同时预览效果，如图 6-33 所示，具体设置参数如图 6-34 所示。

图 6-33 预览效果

图 6-34 具体设置参数

### 3. 动画字幕

使用 FX 动画特效模块的预设模板可以很方便地制作出具有动画效果的字幕。

**上机实战** **动画字幕的动画的操作方法**

1 在 EDIUS 中打开工程文件，该工程文件包含一段视频素材，如图 6-35 所示。

2 在时间线中选择 T1 轨道，将播放指针放在需要添加字幕的位置，在时间线工具栏上单击"创建字幕"按钮 **T.**，在弹出下拉列表中，选择"在 T1 轨道上创建字幕"，弹出 TitleMotion Pro 窗口。

3 在 TitleMotion Pro 中，选择字幕图形工具栏中的文本路径工具 **Ⓐ**。

4 在工作窗口中拖拽出一个范围并输入文本内容，如图 6-36 所示。

图 6-35 工程文件

图 6-36 输入文本内容

5 在 TitleMotion Pro 中，单击"工具"/FX 命令切换到 FX 动画特效模块。

6 在属性栏中选择"模板"选项卡，并在模板列表框中选择"27 roll in from right"选项，如图 6-37 所示。

图 6-37 选择 27 roll in from right 选项

7　单击"应用"按钮创建动画字幕效果，如图 6-38 所示。

8　单击工具栏中的"保存"按钮■，返回 EDIUS 预览动画字幕效果，如图 6-39 所示。

图 6-38　创建动画字幕

图 6-39　预览动画字幕效果

## 6.3　Heroglyph 字幕插件

proDAD Heroglyph 字幕插件带有大量字幕模板和字幕动画方式可供使用。Heroglyph 的功能非常强大，制作出的字幕效果丰富多彩。

**上机实战　proDAD Heroglyph 字幕插件的操作方法**

1　将 Heroglyph 设为 EDIUS 默认的首选字幕工具。

2　打开工程文件，该工程文件包含一段视频素材，如图 6-40 所示。

3　在时间线中选择 T1 轨道，将播放指针放在需要添加字幕的位置，在时间线工具栏上单击"创建字幕"按钮 **T.**，在弹出的下拉列表中，选择"在 T1 轨道上创建字幕"，弹出 Heroglyph 窗口，如图 6-41 所示。

图 6-40　工程文件

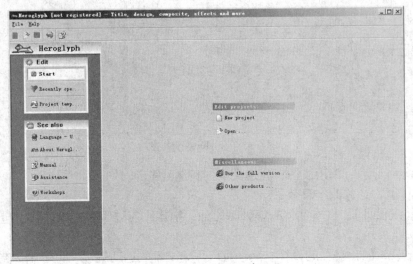

图 6-41　Heroglyph 窗口

在"特效"面板中，选择"特效"/"视频滤镜"/proDAD 选项，也可以找到 Heroglyph 字幕插件，如图 6-42 所示。

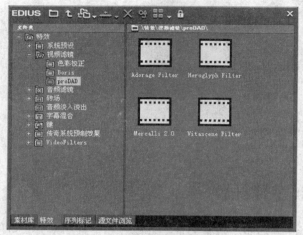

图 6-42　Heroglyph 字幕插件

**4** 单击 New project 选项新建一个工程，如图 6-43 所示。在 Heroglyph 窗口左侧 Navigation 面板中，提供了 Heroglyph 软件的主要功能模块，其中：

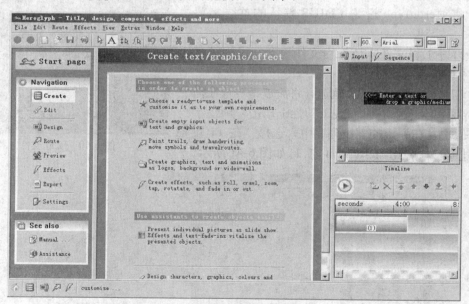

图 6-43　在 Heroglyph 窗口

- Create（创建）：调用模板、新建文本、新建路径等。
- Edit（编辑）：修改字幕效果。
- Design（设计）：文本字体的设计，比如：字体、勾边、阴影等，其中包含大量预设效果。
- Route（路径）：路径的设计。路径可以作为文本的运动轨迹，也可制作路径动画。
- Preview（预览）：预览相关选项。

- Effects（效果）：设置对象的出入屏方式、沿路径运动方式等，包含大量预设。
- Export（输出）：输出的相关设置。
- Settings（设置）：软件环境的设置。

5　设置工程的参数，选择左侧面板的 Settings，如图 6-44 所示。

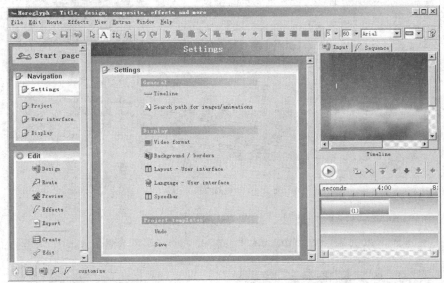

图 6-44　设置参数

6　单击 Video format（视频格式）选项，选择一个与当前工程相匹配的视频格式，如图 6-45 所示。

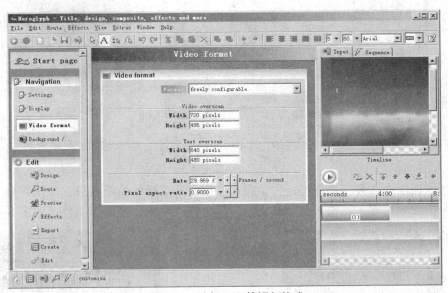

图 6-45　选择匹配的视频格式

7　单击左侧面板中的 Create（创建）按钮，单击 Choose a ready-to-use template and customise it as to your own requirements（选择一个预设模板并按需求作修改）选项，如图 6-46 所示。

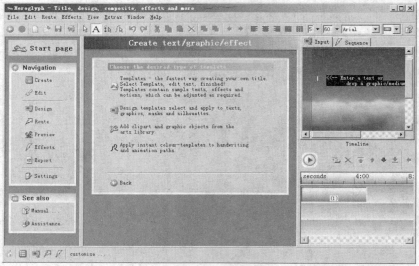

图 6-46　开始创建字幕

8　选择 Templates（模板）选项，如图 6-47 所示。

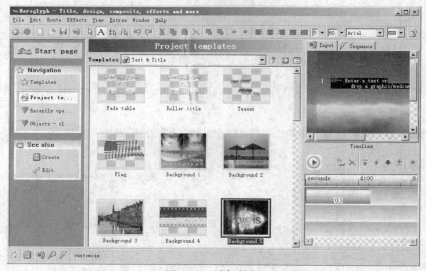

图 6-47　选择模板

9　在模板库中选择一个模板，预览窗口中出现所选择的模板效果，如图 6-48 所示。

10　单击文本设置区，输入想要的文字，同时修改字体、表面等属性，如图 6-49 所示。

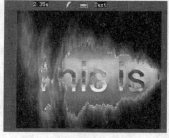

图 6-48　预览动画

图 6-49　修改文本

*11* 此时，Heroglyph 自动切换到 Design 模块，如图 6-50 所示。

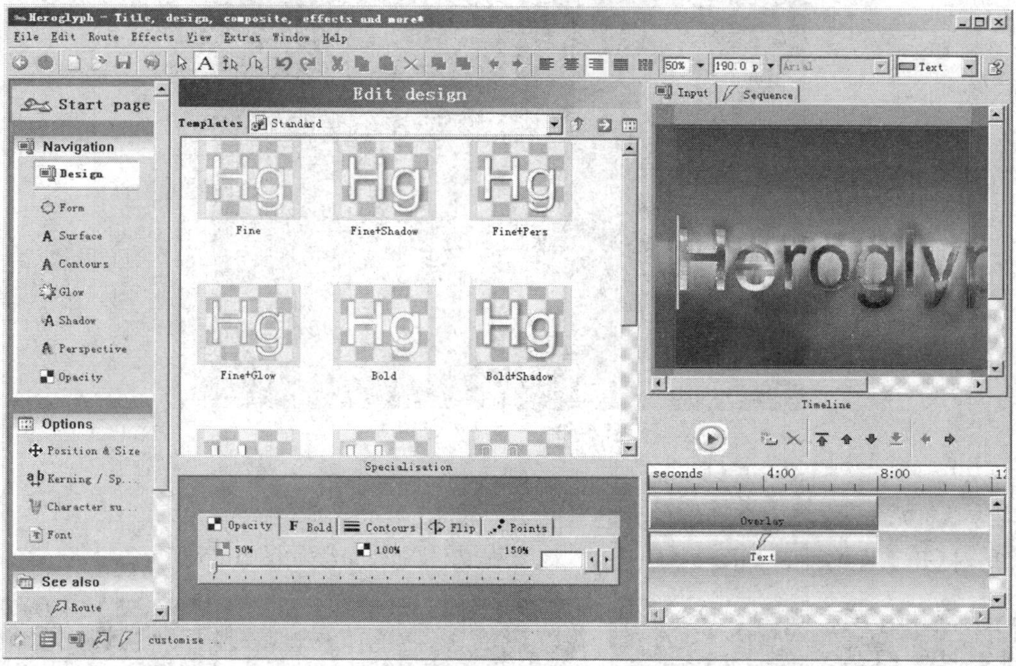

图 6-50　自动切换到 Design 模块

*12* 文字修改完毕，单击预览窗口的 Sequence 选项卡，返回最终效果显示，如图 6-51 所示。

*13* 对各个部分都修改满意后，单击工具栏上"保存"按钮返回 EDIUS，如图 6-52 所示。

图 6-51　单击预览窗口的 Sequence 选项卡

图 6-52　字幕效果

## 6.4　字幕混合

转场是指视频的出入屏方式，而字幕混合是指字幕的出入屏方式。在"特效"面板的"特效"/"字幕混合"目录下，EDIUS 提供了 10 类共 38 种字幕混合方式，如图 6-53 所示。

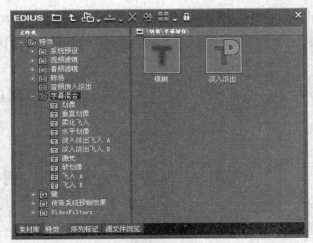

图 6-53　"特效"面板

**上机实战　字幕混合的操作方法**

*1*　打开工程文件，如图 6-54 所示。该工程文件的时间线如图 6-55 所示。

图 6-54　工程文件

图 6-55　时间线

　　*2*　在"特效"面板中，选择"特效"/"字幕混合"目录下合适的字幕混合方式，这里选择"向左划像"选项，用鼠标拖拽到 1T 字幕轨混合区，如图 6-56 所示。

图 6-56　创建字幕混合

　　字幕混合的使用非常简单，因为它们中的绝大多数也没有任何设置选项。

*3*　将鼠标指针移至字幕混合，当鼠标指针形状变为 状时，拖拽鼠标可调节字幕混合的长度，如图 6-57 所示。

图 6-57　调整字幕的长度

　字幕混合只能运用在 T 字幕轨上，但这并不意味着它们只能被应用在字幕素材上。由于在 EDIUS 中，视频或者图片素材也可以放置到 T 字幕轨，所以字幕混合同样适用于其他类型素材。与之对应，字幕素材也可以通过放置到 V 或 VA 轨上来添加普通滤镜和转场。

## 6.5　本章小结

本章主要介绍了 EDIUS 内置的 Quick Titler 和 TitleMotion Pro 两个字幕工具，另外还介绍了功能强大的字幕插件 Heroglyph。通过本章的学习，读者能够熟练掌握各种视频字幕的制作方法，并能够灵活运用字幕模板。

## 6.6　本章习题

一、填空题

1. 除了剪辑和特效，_____对一部完整的视频作品来说也是_____。
2. EDIUS 提供了两种字幕解决方案：_____和_____。
3. Quick Titler 是 EDIUS 中_____的一个_____工具。

二、简答题

1. TitleMotion Pro 可以制作什么效果？
2. proDAD Heroglyph 是什么类型的插件？

三、上机操作

综合所学知识，上机为视频制作字幕效果。

# 第 7 章　EDIUS 应用实例

 **内容提要**

　　通过前面各章的学习，掌握了 EDIUS 视频编辑的基础知识与操作技能。本章通过一些应用实例，帮助读者巩固所学的内容，并做到触类旁通、举一反三。

## 7.1　工笔画特效

　　本例制作工笔画的特效，主要利用了"YUV 曲线"和"铅笔画"滤镜功能对视频进行处理，效果如图 7-1 所示。

　　（1）打开工程文件，如图 7-2 所示。

图 7-1　工笔画特效

图 7-2　工程文件

　　（2）在"特效"面板中，选择"特效"/"视频滤镜"/"色彩校正"/"单色"选项，用鼠标拖拽到素材上，如图 7-3 所示。

　　（3）在"特效"面板中，选择"特效"/"视频滤镜"/"焦点柔化"选项，用鼠标拖拽到素材上。

　　（4）在"信息"面板中双击"焦点柔化"选项，打开设置对话框，如图 7-4 所示。

图 7-3　用鼠标拖拽到素材上

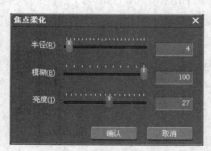

图 7-4　"焦点柔化"对话框

（5）在对话框中设置参数，单击"确认"按钮，如图 7-5 所示。

（6）在"特效"面板中，选择"特效"/"视频滤镜"/"色彩校正"/"YUV 曲线"选项，用鼠标拖拽到素材上。

（7）在"信息"面板中双击"YUV 曲线"选项，打开设置对话框，如图 7-6 所示。

（8）在对话框中调整 YUV 曲线，增加画面的对比度，单击"确定"按钮，如图 7-7 所示。

图 7-5　图像效果

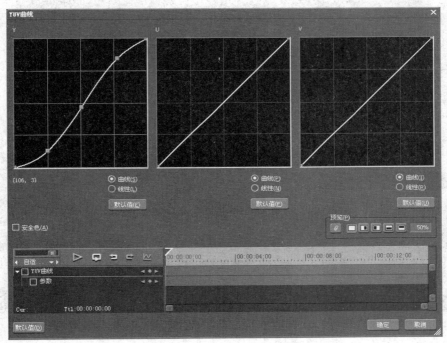

图 7-6　"YUV 曲线"对话框

（9）在"特效"面板中，选择"特效"/"视频滤镜"/"色彩校正"/"YUV 曲线"选项，用鼠标拖拽到素材上。

（10）在"信息"面板中双击"YUV 曲线"选项，打开设置对话框，如图 7-8 所示。

（11）在对话框中调整 YUV 曲线，实现画面的反色，单击"确定"按钮，如图 7-9 所示。

（12）用鼠标右键单击 1VA 轨，在弹出的快捷菜单中单击"添加"/"在上方添加视音频轨道"命令，创建 2VA 轨，然后将荷花素材添加到 2VA 轨上，如图 7-10 所示。

图 7-7　图像效果

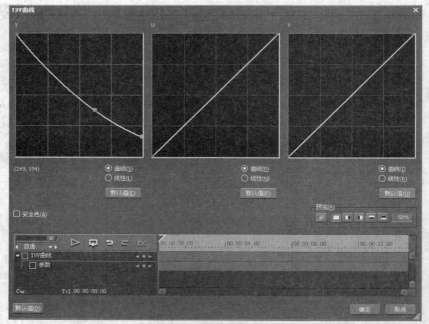

图 7-8 "YUV 曲线"对话框

图 7-9 图像效果

图 7-10 将荷花素材添加到 2VA 轨上

（13）在"特效"面板中，选择"特效"/"键"/"混合"/"叠加模式"选项，用鼠标拖拽到素材上，如图 7-11 所示。此时，信息面板如图 7-12 所示。

图 7-11 用鼠标拖拽到素材上

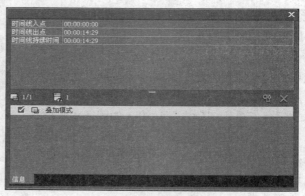

图 7-12 信息面板

（14）用鼠标右键单击 2VA 轨，在弹出的快捷菜单中单击"添加"/"在上方添加视音频轨道"命令，创建 3VA 轨，然后将荷花素材添加到 3VA 轨上，如图 7-13 所示。

（15）在"特效"面板中，选择"特效"/"视频滤镜"/"铅笔画"选项，用鼠标拖拽到素材上，如图 7-14 所示。此时，信息面板如图 7-15 所示。

图 7-13 将荷花素材添加到 3VA 轨上

图 7-14 用鼠标拖拽到素材上

（16）在"特效"面板中，选择"特效"/"键"/"混合"/"柔光模式"选项，用鼠标拖拽到素材上，如图 7-16 所示。

图 7-15 信息面板

图 7-16 用鼠标拖拽到素材上

（17）用鼠标右键单击 3VA 轨，在弹出的快捷菜单中单击"添加"/"在上方添加视音频轨道"命令，创建 4VA 轨，然后将荷花素材添加到 4VA 轨上。

（18）在"特效"面板中，选择"特效"/"视频滤镜"/"色彩校正"/"YUV 曲线"选项，用鼠标拖拽到素材上。

（19）在"信息"面板中双击"YUV 曲线"选项，打开设置对话框，调整画面的对比度，如图 7-17 所示。

（20）在"特效"面板中，选择"特效"/"键"/"混合"/"叠加模式"选项，用鼠标拖拽到素材上，如图 7-18 所示。

（21）用鼠标右键单击 4VA 轨，在弹出的快捷菜单中单击"添加"/"在上方添加视音频轨道"命令，创建 5VA 轨，然后从"素材库"面板中将宣纸素材添加到 5VA 轨上，如图 7-19 所示。

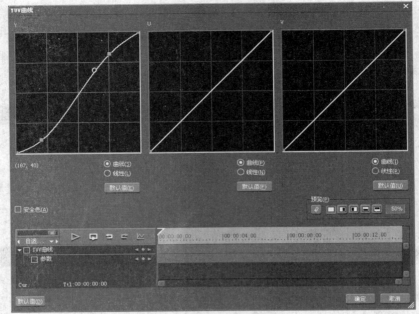

图 7-17　"YUV 曲线"对话框

图 7-18　用鼠标拖拽到素材上

图 7-19　将宣纸素材添加到 5VA 轨上

（22）在"特效"面板中，选择"特效"/"键"/"混合"/"正片叠底"选项，用鼠标拖拽到素材上，得到工笔画效果。

## 7.2　水墨画特效

本例制作水墨画的特效，主要利用了"YUV 曲线"和"浮雕"功能，效果如图 7-20 所示。

（1）打开工程文件，如图 7-21 所示。

图 7-20　水墨画特效

图 7-21　工程文件

（2）在"特效"面板中，选择"特效"/"视频滤镜"/"色彩校正"/"单色"选项，用鼠标拖拽到素材上，如图 7-22 所示。

（3）在"特效"面板中，选择"特效"/"视频滤镜"/"焦点柔化"选项，用鼠标拖拽到素材上。

（4）在"信息"面板中双击"焦点柔化"选项，打开设置对话框，如图 7-23 所示。

图 7-22　用鼠标拖拽到素材上

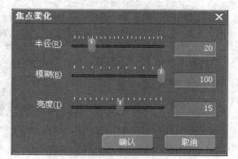
图 7-23　"焦点柔化"对话框

（5）在对话框中调整模糊值和亮度，单击"确认"按钮，如图 7-24 所示。

（6）用鼠标右键单击 1VA 轨，在弹出的快捷菜单中单击"添加"/"在上方添加视音频轨道"命令，创建 2VA 轨。

（7）用鼠标右键单击 1VA 轨，在弹出的快捷菜单中单击"添加"/"复制"命令，然后用鼠标右键单击 2VA 轨，在弹出的快捷菜单中单击"添加"/"粘贴"命令，如图 7-25 所示。

图 7-24　图像效果

图 7-25　复制与粘贴

（8）在"特效"面板中，选择"特效"/"视频滤镜"/"色彩校正"/"YUV 曲线"选项，用鼠标拖拽到素材上。

（9）在"信息"面板中双击"YUV 曲线"选项，打开设置对话框，如图 7-26 所示。

（10）在对话框中调整曲线，提高画面的亮度，单击"确定"按钮，如图 7-27 所示。

（11）在"特效"面板中，选择"特效"/"键"/"混合"/"颜色加深"选项，用鼠标拖拽到素材上，如图 7-28 所示。此时，信息面板如图 7-29 所示。

（12）用鼠标右键单击 2VA 轨，在弹出的快捷菜单中单击"添加"/"在上方添加视音频轨道"命令，创建 3VA 轨，然后将巅峰素材添加到 3VA 轨上，如图 7-30 所示。

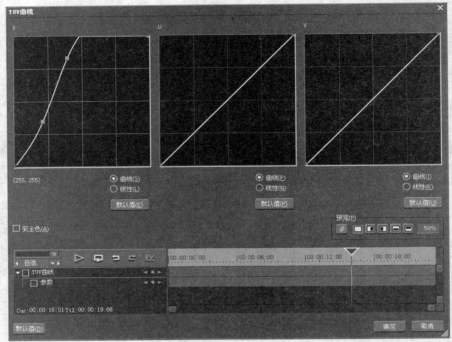

图 7-26　"YUV 曲线"对话框

图 7-27　图像效果

图 7-28　用鼠标拖拽到素材上

图 7-29　信息面板

图 7-30　将巅峰素材添加到 3VA 轨上

（13）在"特效"面板中，选择"特效"/"视频滤镜"/"浮雕"选项，用鼠标拖拽到素材上。

（14）在"信息"面板中双击"浮雕"选项，打开设置对话框，如图 7-31 所示。

（15）在对话框中设置方向为垂直，深度值为 18，单击"确认"按钮，如图 7-32 所示。

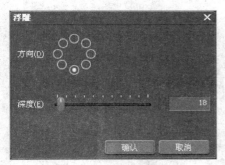

图 7-31　"浮雕"对话框

图 7-32　图像效果

（16）在"特效"面板中，选择"特效"/"视频滤镜"/"色彩校正"/"单色"选项，用鼠标拖拽到素材上，去除颜色信息，如图 7-33 所示。

（17）在"特效"面板中，选择"特效"/"键"/"混合"/"颜色减淡"选项，用鼠标拖拽到素材上，如图 7-34 所示。

图 7-33　去除颜色信息

图 7-34　用鼠标拖拽到素材上

（18）用鼠标右键单击 3VA 轨，在弹出的快捷菜单中单击"添加"/"在上方添加视音频轨道"命令，创建 4VA 轨，然后将宣纸素材添加到 4VA 轨上，如图 7-35 所示。

（19）在"特效"面板中，选择"特效"/"键"/"混合"/"正片叠底"选项，用鼠标拖拽到素材上，得到最终效果，如图 7-20 所示。

图 7-35　将宣纸素材添加到 4VA 轨上

## 7.3　闪白效果

本例制作视频闪白效果。所谓闪白是指两个镜头（素材）之间的闪白过渡。如图 7-36 所示，画面 1 是第一个镜头（素材）的正常状态，画面 2 是第一个镜头的变白状态，画面 3 是第二个镜头的变白状态，画面 4 是第二个镜头的正常状态。

画面 1　　　　　　　　　　　　画面 2

画面 3　　　　　　　　　　　　画面 4

图 7-36　闪白效果

（1）打开工程文件，如图 7-37 所示。该工程文件包含 2 个风景素材的视频，其时间线如图 7-38 所示。

图 7-37　工程文件

图 7-38　时间线

（2）在"特效"面板中，选择"特效"/"视频滤镜"/"色彩校正"/"色彩平衡"选项，用鼠标拖拽到素材"风景 1"上，此时信息面板如图 7-39 所示。

（3）在"信息"面板中双击"色彩平衡"选项，打开设置对话框，如图 7-40 所示。

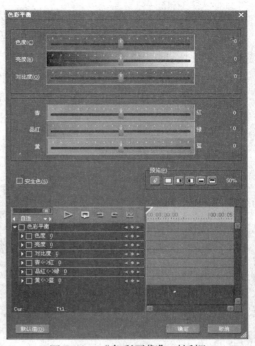

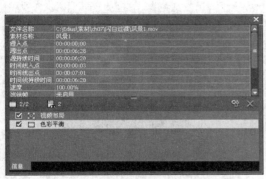

图 7-39　"信息"面板　　　　　　　图 7-40　"色彩平衡"对话框

（4）在对话框中，将播放指针移至最后，选中"亮度"、"对比度"复选框，并调整亮度、对比度，如图 7-41 所示。此时，画面效果变白。

（5）将播放指针向前移动一段距离，选中"亮度"、"对比度"复选框，并调整亮度、对比度，如图 7-42 所示。此时，画面效果恢复原样。

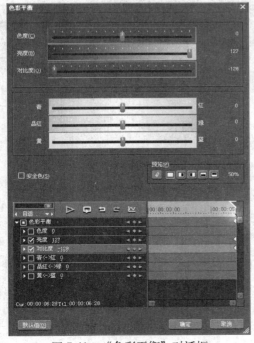

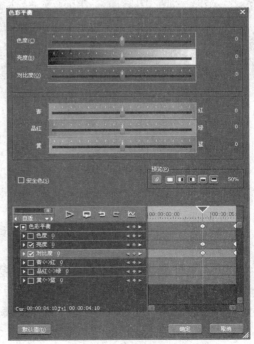

图 7-41　"色彩平衡"对话框　　　　　　　图 7-42　"色彩平衡"对话框

（6）单击"确定"按钮，完成素材风景 1 的处理。

（7）在"特效"面板中，选择"特效"/"视频滤镜"/"色彩校正"/"色彩平衡"选项，用鼠标拖拽到素材"风景 2"上。

（8）在"信息"面板中双击"色彩平衡"选项，打开设置对话框，将播放指针移至最前，选中"亮度"、"对比度"复选框，并调整亮度、对比度，如图 7-43 所示。此时，画面效果变白。

（9）将播放指针向后移动一段距离，选中"亮度"、"对比度"复选框，并调整亮度、对比度，如图 7-44 所示。此时，画面效果恢复原样。

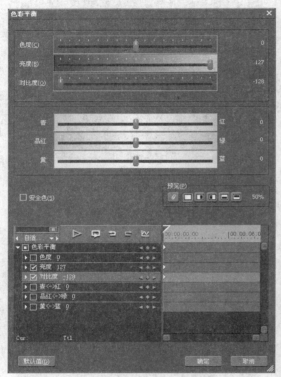
图 7-43　"色彩平衡"对话框

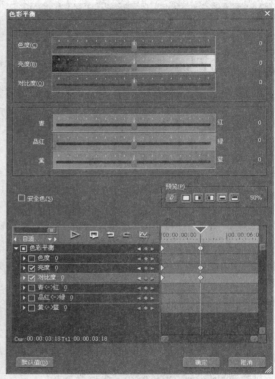
图 7-44　"色彩平衡"对话框

（10）单击"确定"按钮，完成素材风景 2 的处理。至此，实现闪白效果。

# 7.4　颜色匹配

由于拍摄的时间、场地等因素影响，往往会导致不同素材之间产生色彩的差异，因此，需要进行颜色匹配处理。

（1）打开工程文件，该工程包括 2 个视频素材，如图 7-45、图 7-46 所示。观察 2 个视频素材，可发现第一个素材黄昏海滩为暖色，偏红；而第二个素材早晨海滩为冷色，偏青。需要对早晨海滩素材进行校色处理，将早晨海滩素材向黄昏海滩素材进行匹配。

图 7-45 第一个素材（黄昏海滩）

图 7-46 第二个素材（早晨海滩）

（2）在"特效"面板中，选择"特效"/
"视频滤镜"/"色彩校正"/"三路色彩校正"
选项，用鼠标拖拽到素材早晨海滩上，此时信
息面板如图 7-47 所示。

（3）在"信息"面板中双击"三路色彩校
正"选项，打开滤镜的设置对话框。

（4）在 EDIUS 时间线中将播放指针移至
黄昏海滩素材上，然后在"三路色彩校正"对
话框中单击"预览"选项区中的"用当前的屏
幕显示滤镜效果"按钮，将当前画面（黄昏海
滩）储存为一个参考画面，如图 7-48 所示。

图 7-47 "信息"面板

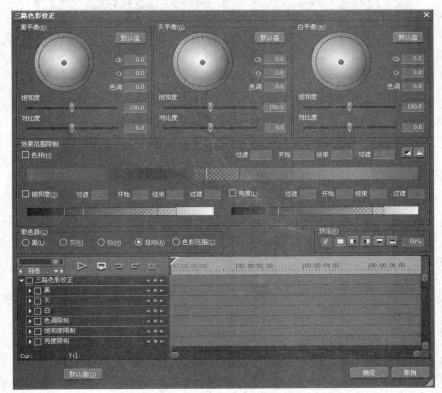

图 7-48 "三路色彩校正"对话框

（5）在 EDIUS 时间线中将播放指针移至早晨海滩画面，然后在"三路色彩校正"对话框中单击"预览"选项区中的"在屏幕的左半部显示滤镜效果"按钮，可以分屏观察两个素材，如图 7-49 所示。

图 7-49　分屏观察素材

（6）单击"视图"/"矢量图/示波器"命令，打开"矢量图/示波器"对话框，分别观察黄昏海滩、早晨海滩的矢量图，如图 7-50、7-51 所示。

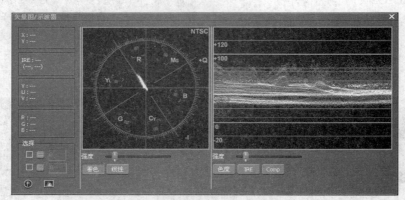

图 7-50　黄昏海滩的矢量图

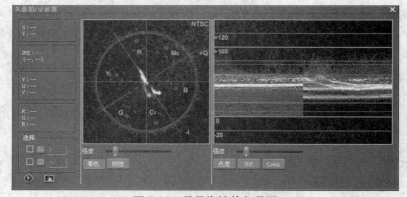

图 7-51　早晨海滩的矢量图

（7）在"三路色彩校正"对话框中调整灰平衡的色轮，如图 7-52 所示。

（8）可以看到矢量图上两段素材的矢量正逐渐靠近，尽量将两个矢量重合，如图 7-53 所示。得到的效果如图 7-54 所示。

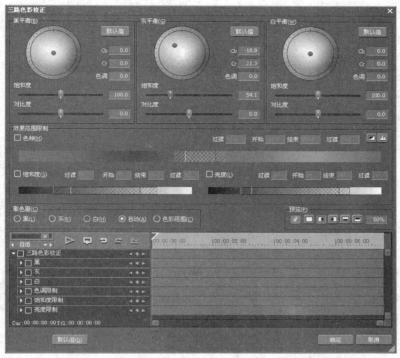

图 7-52 "三路色彩校正"对话框

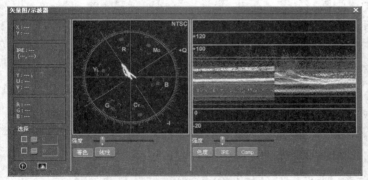

图 7-53 将两个矢量重合

图 7-54 分屏观察素材

(9) 观察两段视频的对比效果, 可以发现都是暖色, 实现了颜色的匹配, 如图 7-55、7-56 所示。

图 7-55 黄昏海滩

图 7-56 调整后的早晨海滩

## 7.5 视频调色

本例介绍一个视频调色的案例，具体操作方法如下：

（1）打开工程文件，如图 7-57 所示。

图 7-57 工程文件

（2）在"特效"面板中，选择"特效"/"视频滤镜"/"色彩校正"/"三路色彩校正"选项，用鼠标拖拽到素材上。

（3）在"信息"面板中双击"三路色彩校正"选项，打开设置对话框，如图 7-58 所示。

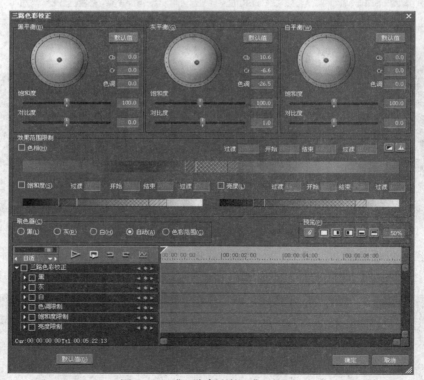

图 7-58 "三路色彩校正"对话框

（4）在对话框中进行参数设置，单击"确定"按钮，如图 7-59 所示。

（5）在"特效"面板中，选择"特效"/"视频滤镜"/"色彩校正"/"YUV 曲线"选项，用鼠标拖拽到素材上。

图 7-59　调整后的效果

（6）在"信息"面板中双击"YUV 曲线"选项，打开设置对话框，如图 7-60 所示。

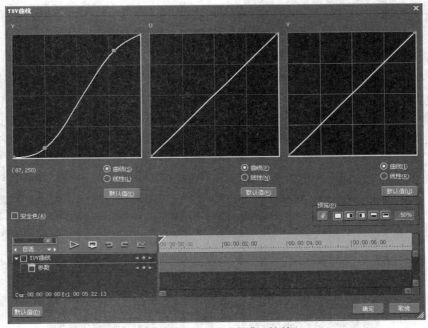

图 7-60　"YUV 曲线"对话框

（7）在对话框中调整 YUV 曲线，单击"确定"按钮，如图 7-61 所示。

图 7-61　调整后的效果

（8）在"特效"面板中，选择"特效"/"视频滤镜"/"色彩校正"/"色彩平衡"选项，用鼠标拖拽到素材上。

（9）在"信息"面板中双击"色彩平衡"选项，打开设置对话框，如图 7-62 所示。

（10）在对话框中进行参数设置，单击"确定"按钮，如图 7-63 所示。

（11）在"特效"面板中，选择"特效"/"视频滤镜"/"老电影"选项，用鼠标拖拽到素材上，如图 7-63 所示。

图 7-62　"色彩平衡"对话框

图 7-63　调整后的效果

（12）在"信息"面板中双击"老电影"选项，打开设置对话框，如图 7-64 所示。

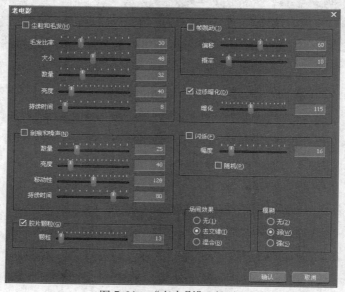

图 7-64　"老电影"对话框

（13）在对话框中进行参数设置，单击"确定"按钮，最终效果如图 7-65 所示。

（14）此时，信息面板如图 7-66 所示。

图 7-65  调整后的效果

图 7-66  "信息"面板

## 7.6  影像风格

本例介绍一个影像风格的制作案例，具体操作方法如下：

（1）打开工程文件，如图 7-67 所示。

（2）在"特效"面板中，选择"特效"/"视频滤镜"/"色彩校正"/"三路色彩校正"选项，用鼠标拖拽到素材上。

（3）在"信息"面板中双击"三路色彩校正"选项，打开设置对话框，如图 7-68 所示。

图 7-67  工程文件

图 7-68  "三路色彩校正"对话框

（4）在"三路色彩校正"对话框中调整灰平衡的色轮，单击"确定"按钮，如图 7-69 所示。

图 7-69　调整后的效果

（5）在"特效"面板中，选择"特效"/"视频滤镜"/"色彩校正"/"三路色彩校正"选项，用鼠标拖拽到素材上。

（6）在"信息"面板中双击"三路色彩校正"选项，打开设置对话框，如图 7-70 所示。

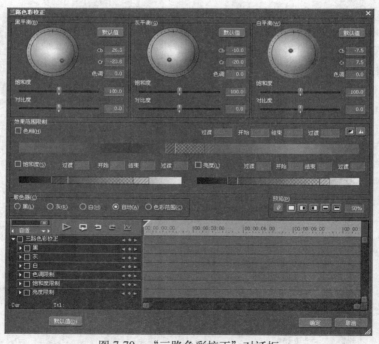

图 7-70　"三路色彩校正"对话框

（7）在"三路色彩校正"对话框中分别调整黑平衡、灰平衡和白平衡的色轮，单击"确定"按钮，如图 7-71 所示。

（8）在"特效"面板中，选择"特效"/"视频滤镜"/"手绘遮罩"选项，用鼠标拖拽到素材上。

（9）在"信息"面板中双击"手绘遮罩"选项，打开设置对话框，如图 7-72 所示。

图 7-71　调整后的效果

图 7-72　"手绘遮罩"对话框

（10）利用"绘制矩形"工具 ▢ 创建一个矩形遮罩，选中"软"复选框，并设置宽度为 200 像素，单击"选择滤镜"按钮 ▣，弹出"选择滤镜"对话框，如图 7-73 所示。

（11）在"选择滤镜"对话框中选择"色度"滤镜，单击"确定"按钮。

（12）单击"设定滤镜"按钮 ▣，弹出"色度"对话框，打开"效果"选项卡，设置遮罩参数，如图 7-74 所示。

图 7-73　"选择滤镜"对话框

图 7-74　"色度"对话框

（13）打开"键出色"选项卡，分别设置 Y、U、V 的参数，如图 7-75 所示。

图 7-75　设置 Y、U、V 的参数

（14）打开"色彩/亮度"选项卡，设置色度和亮度的参数，如图 7-76 所示。

图 7-76　设置色度和亮度的参数

（15）单击"确定"按钮，返回"手绘遮罩"对话框，如图 7-77 所示。

图 7-77　"手绘遮罩"对话框

（16）单击"确定"按钮，如图 7-78 所示。

图 7-78　调整后的效果

（17）在"特效"面板中，选择"特效"/"视频滤镜"/"色彩校正"/"三路色彩校正"选项，用鼠标拖拽到素材上。

（18）在"信息"面板中双击"三路色彩校正"选项，打开设置对话框，如图 7-79 所示。

图 7-79　"三路色彩校正"对话框

（19）在"三路色彩校正"对话框中分别调整黑平衡、灰平衡和白平衡的色轮，单击"确定"按钮，如图 7-80 所示。

图 7-80　调整后的效果

（20）在"特效"面板中，选择"特效"/"视频滤镜"/"手绘遮罩"选项，用鼠标拖拽到素材上。

（21）在"信息"面板中双击"手绘遮罩"选项，打开设置对话框。

（22）利用"绘制椭圆"工具  创建一个椭圆形遮罩，选中"软"复选框，并设置宽度为 200 像素，如图 7-81 所示。

图 7-81　"手绘遮罩"对话框

（23）单击"选择滤镜"按钮，弹出"选择滤镜"对话框，如图 7-82 所示。

（24）在"选择滤镜"对话框中选择"YUV 曲线"选项，单击"确定"按钮。

（25）单击"设定滤镜"按钮，弹出"YUV 曲线"对话框，如图 7-83 所示。

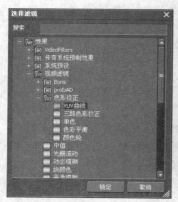

图 7-82　"选择滤镜"对话框

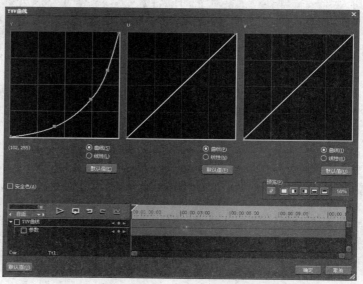

图 7-83　"YUV 曲线"对话框

（26）在"YUV 曲线"对话框中调整 YUV 曲线，降低画面四角的亮度，单击"确定"
按钮，返回"手绘遮罩"对话框，如图 7-84 所示。

图 7-84　"手绘遮罩"对话框

（27）单击"确定"按钮，如图 7-85 所示。

（28）在"特效"面板中，选择"特效"/"视频滤镜"/"色彩校正"/"色彩平衡"选项，
用鼠标拖拽到素材上。

（29）在"信息"面板中双击"色彩平衡"选项，打开设置对话框，如图 7-86 所示。

图 7-85　调整后的效果

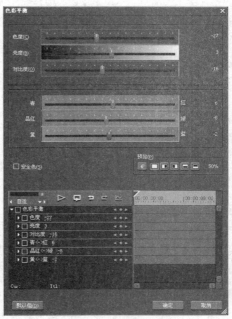

图 7-86　"色彩平衡"对话框

（30）在"色彩平衡"对话框中调整色度、亮度、对比度的参数，单击"确定"按钮，如图 7-87 所示。此时信息面板如图 7-88 所示。

图 7-87　调整后的效果

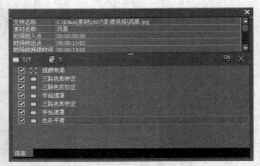

图 7-88　"信息"面板

## 7.7　本章小结

本章通过多个视频处理应用案例，帮助读者在复习和巩固前面所学的基础上，进一步灵活运用 EDIUS 强大的视频处理功能。

# 习题参考答案

## 第1章

一、填空题

1．非线性编辑
2．采集素材、单独显示、同步时间线
3．后期工作、旋转素材、动画关键帧

二、简答题（略）

## 第2章

一、填空题

1．时间线、素材进行编辑
2．粗剪、精剪
3．时间线上、核心部分
4．模型结构、

二、简答题（略）

三、上机题（略）

## 第3章

一、填空题

1．特效
2．文件夹视图、树型列表视图
3．时间线上、核心部分

二、简答题（略）

三、上机题（略）

## 第4章

一、填空题

1．一级校色、二级校色
2．整个画面色彩、某一色彩区域
3．单声道、立体声

二、简答题（略）

三、上机题（略）

## 第5章

一、填空题

1．粒子特效、光效、火焰、爆炸、画中画
2．特效转场、插件
3．噪声消除、电子杂声、背景噪声

二、简答题（略）

三、上机题（略）

## 第6章

一、填空题

1．字幕、至关重要
2．QuickTitler、TitleMotion Pro。
3．内置、字幕制作

二、简答题（略）

三、上机题（略）